Vale a pena estudar

ENGENHARIA QUÍMICA

3ª edição revista e ampliada

Blucher

Vale a pena estudar
ENGENHARIA QUÍMICA

3ª edição revista e ampliada

- ☑ O que é Engenharia Química
- ☑ O que faz o engenheiro químico
- ☑ Áreas de atuação do engenheiro químico
- ☑ História da Engenharia Química
- ☑ Ética e Engenharia Química
- ☑ Responsabilidade Social e Sustentabilidade

Marco Aurélio Cremasco

Vale a pena estudar Engenharia Química
© 2015 Marco Aurélio Cremasco
3ª edição – 2015
Editora Edgard Blücher Ltda.

Blucher

Rua Pedroso Alvarenga, 1245, 4º andar
04531-012 – São Paulo – SP – Brasil
Tel.: 55 11 3078-5366
contato@blucher.com.br
www.blucher.com.br

Segundo o Novo Acordo Ortográfico, conforme
5. ed. do *Vocabulário Ortográfico da Língua
Portuguesa*, Academia Brasileira de Letras,
março de 2009.

É proibida a reprodução total ou parcial por
quaisquer meios, sem autorização escrita da
Editora.

Todos os direitos reservados pela Editora Edgard
Blücher Ltda.

Ficha Catalográfica

Cremasco, Marco Aurélio

Vale a pena estudar Engenharia Química
/ Marco Aurélio Cremasco. – 3. ed. — São Paulo:
Blucher, 2015.

ISBN 978-85-212-0817-4

1. Engenharia química I. Título

14-0020 CDD 660

Índices para catálogo sistemático:
1. Engenharia química

Há pessoas que são luzes:

Giulio Massarani
Lídia Maria Maegava
Rahoma Sadeg Mohamed

em memória de três estrelas
que brilham mais perto de Deus.

CONTEÚDO

Prefácio à Terceira Edição..9

Prefácio à Primeira Edição 11

1   Engenharia 13

2   Engenharia Química...21

3   A formação do engenheiro químico..35

4   A Indústria Química 51

5   A Revolução Industrial 57

6   História da Indústria Química mundial..65

7   História da Indústria Química no Brasil...77

8   História da Engenharia Química mundial 95

9   História da Engenharia Química no Brasil 105

10   Engenharia Química Responsável 119

11   Engenharia Química Sustentável 131

Apêndice A   Exercícios propostos...153

Apêndice B   Disciplinas e ementas características de um curso de
graduação em Engenharia Química...................................179

Apêndice C   Fatos e eventos históricos associados à Engenharia Química
até o final do século XX...187

Índice Remissivo..203

PREFÁCIO À TERCEIRA EDIÇÃO

Vale a pena estudar Engenharia Química? A busca da resposta é um exercício diário, pois a Engenharia Química é, sobretudo, contemporânea da sociedade na qual está inserida.

O conceito contemporâneo como aquilo que existe na mesma época ou o que é do tempo atual e ocorre ao mesmo tempo é, de certo modo, regido por um preceito einsteiniano de ser relativo, pois o que poderia acontecer em uma determinada época e em certo lugar poder-se-ia levar décadas para surgir em outro lugar. É possível entender contemporaneidade como o que é do tempo atual, acontecendo ao mesmo tempo e em espaço distinto. Nesse sentido, o mundo nunca foi tão contemporâneo de si mesmo como o é agora. Isso graças à Revolução Midiática em curso, comparada em impacto com a Revolução Industrial: fatos e eventos substanciais que ocorrem em qualquer parte do planeta atingem, *on-line*, quase todos nós, refletindo-se na natureza do ser humano. Essa contemporaneidade é assustadoramente recente. O www, no caso, nasceu da necessidade da velocidade, da síntese e da objetividade da comunicação entre os pesquisadores do CERN (Centre Européen pour la Recherche Nucléaire).

Esses mesmos pesquisadores (físicos, matemáticos, engenheiros) engendraram o LHC (*Large Hadron Collider*), um gigantesco colisor de prótons, construído em um laboratório a 100 metros de profundidade, na fronteira entre a França e a Suíça. O objetivo do LHC é comprovar a existência do bóson de Higgs para confirmar o modelo padrão das partículas elementares. Tal partícula (bóson de Higgs) é vulgarmente conhecida como "a partícula de Deus". É inevitável a comparação entre a ficção de Victor Frankenstein e a realidade em que se pretende recriar um ambiente parecido com as condições existentes instantes depois do Big Bang. E quanto ao novo monstro de Frankenstein? É o monstro procurando ser humano, enquanto o seu criador, técnico, sonha ser, no mínimo, super-humano?

Um pouco mais distante de metáforas tão reais, o maior desafio na postura do profissional de Engenharia Química (e não só!) é estar consciente de que a aplicação final de seu conhecimento e de sua técnica é para o bem-estar do mundo que o cerca no presente e no futuro. Sob esse aspecto, apresentamos esta nova edição do *Vale a pena estudar Engenharia Química*.

O livro foi concebido no alvorecer do século XXI e teve a sua primeira edição em 2005, a qual era baseada, praticamente, em acontecimentos que ocorreram até o final do século XX. Todavia, fatos e eventos que já ocorreram no início do século XXI contribuíram e contribuem fortemente na reflexão sobre a necessidade da Engenharia Química. Dentre tais situações, gostaríamos de destacar: a China assumiu a liderança mundial no setor químico, desbancando os Estados Unidos; o Brasil, em 2010, ocupava a sétima posição nesse setor, entretanto apresentava déficit em sua balança comercial cerca de quatro vezes maior quando comparada à do início do século XXI, enquanto o número de cursos de graduação em Engenharia Química no país praticamente triplicou. Além disso, uma nova preocupação tomou conta na formação dos profissionais de Engenharia Química: o compromisso com o Desenvolvimento Sustentável, o qual deve satisfazer às necessidades da geração presente sem comprometer as necessidades das gerações futuras.

A presente edição mantém a estrutura contida na primeira edição, atualizando-a, bem como contempla as discussões apresentadas no parágrafo anterior, inclusive com a introdução de um novo capítulo, "Engenharia Química Sustentável". Entendemos, todavia, que toda atualização de conteúdo nunca será o bastante, pois vivemos em um mundo dinâmico e o dinamismo, a inovação e o seu compromisso para uma existência melhor, dentre vários atributos, são características da Engenharia Química. Então, vale a pena estudá-la.

Gostaria de aproveitar a oportunidade para agradecer a meus colegas professores por acolherem este livro em seus cursos introdutórios à Engenharia Química. Aqui, lembro as minhas viagens em que tive a satisfação de conhecer alguns de vocês pessoalmente graças à proposta desta obra. Assim, não posso deixar de mencionar as escolas de EQ que visitei: Universidade Federal de Alfenas, *campus* Poços de Caldas, Universidade Federal do Pará, Universidade Federal do Paraná, Universidade Federal de Uberlândia, Universidade Estadual de Maringá, Universidade Estadual do Amazonas, ULBRA – Manaus, UNESP – Araraquara, Universidade Regional de Blumenau, Universidade Comunitária da Região de Chapecó.

... e, sempre, os meus agradecimentos à Solange Cremasco, minha esposa.

Solange, esta edição é dedicada a você.

Marco Aurélio Cremasco

PREFÁCIO À PRIMEIRA EDIÇÃO

Steiner, psicólogo clínico com formação em Engenharia, faz-nos uma confissão interessante e que aqui merece ser mencionada:

> O que aprendi com as máquinas acabou sendo muito útil, mas também desenvolveu a minha tendência a pensar por meio de metáforas mecânicas. Raciocínio de máquina – lógico, técnico, racional, linear, científico. Tão poderoso quanto possível, mas incapaz de falar da realidade do amor, do ódio, da esperança, do medo, da alegria ou da culpa. Infelizmente, a maior parte do poder do mundo está nas mãos de homens que gostariam de pensar de forma racional e científica, ainda que o pensamento que dirige as suas decisões não seja sempre científico ou racional. Para eles, o que não pode ser abrangido pela racionalidade não é real, por isso as emoções não devem ser consideradas reais, importantes ou válidas. Por ter crescido assim, fui um analfabeto emocional durante os primeiros trinta e cinco anos de minha vida.

O interessante na confissão de Steiner é que ela se aplica a outras situações da vida daqueles que têm formação puramente tecnológica e/ou científica, bem como incita aqueles ainda em formação. Quando Steiner menciona que o "raciocínio de máquina" é a característica básica daqueles que tomam decisões, pois podem utilizá-la em pessoas, corre-se o risco de ver tais pessoas como simples máquinas de produção, sem qualquer resquício de alma nelas contido. Ou seja, transplantar o poder que o ser humano tem sobre a máquina para ele próprio, tornando-se hábil em controlar tudo à sua volta: desde o destino de uma reação química até o da própria Terra.

A Engenharia Química de que o mundo precisa deve centrar-se na expectativa da sociedade em relação às dimensões de responsabilidades do profissional, as quais são: individual, técnica, legal, ética e social, contextualizadas – por sua vez – em suas habilidades técnica, humana e conceitual para, além de contribuir para o aprimoramento e desenvolvimento da humanidade, conservar a vida em toda a sua amplitude.

A motivação para escrever este livro foi procurar mostrar a importância da Engenharia Química e como ela se faz presente no cotidiano das pessoas. A intenção é ser um livro introdutório em que se deixam fórmulas químicas e equações matemáticas para outra oportunidade, para que se possa esclarecer aspectos sobre a formação do engenheiro químico e de uma profissão nobre no cenário mundial e essencial ao desenvolvimento de qualquer nação.

Busca-se, portanto, entender a Engenharia Química por meio de áreas e campos de atuação do seu profissional, assim como dos produtos e serviços advindos de suas atividades. Considera-se importante contextualizar a Engenharia Química historicamente e as responsabilidades imputadas a essa profissão. Desse modo, pode-se dividir este livro em três partes.

A primeira parte, correspondente aos Capítulos de 1 a 4, está associada à identificação da Engenharia Química dentro dos ramos da Engenharia e de áreas correlatas, tais como Química, Química Industrial e Engenharia Industrial. Apresentam-se, também, discussões sobre a formação do engenheiro químico e de um de seus campos de atuação: o setor químico. A segunda parte, compreendendo os Capítulos de 5 a 9, apresenta um pouco da história mundial e nacional da Indústria e da Engenharia Química até o final do século XX. A terceira parte, que diz respeito ao Capítulo 10, discute aspectos das dimensões de responsabilidade inerentes ao engenheiro químico, ressaltando a importância da Ética como norteadora de suas ações.

Há três Apêndices. No primeiro, encontram-se cem exercícios de fixação de aprendizagem, sendo 55 de caráter dissertativo e o restante de múltipla escolha. O segundo apresenta, a título de ilustração, disciplinas e ementas características de um curso de graduação em Engenharia Química. O terceiro Apêndice fornece um conjunto de fatos e eventos associados à Engenharia Química, incluindo informações sobre o Brasil.

Gostaria de aproveitar a oportunidade para agradecer a todos que, de algum modo, contribuíram com informações preciosas para este livro. Agradeço, em especial, ao funcionário Patrício da Silva Freitas (UFRGS – Universidade Federal do Rio Grande do Sul) e aos professores Carla Hori (UFU – Universidade Federal de Uberlândia), Cecília Vilas Boas (UNIP – Universidade Paulista), Célio Souza (UFPA – Universidade Federal do Pará), Ednildo Torres e Ricardo Kalid (UFBA – Universidade Federal da Bahia), George C. Kachan (UMC – Universidade de Mogi das Cruzes), Hugo Soares (UFSC – Universidade Federal de Santa Catarina), João Inácio Solleti (UFAL – Universidade Federal de Alagoas), Marcel Mendes e Osny Rodrigues (Instituto Presbiteriano Mackenzie), Marco Farah (UERJ – Universidade Estadual do Rio de Janeiro), Marcos A. S. de Amarante (FURG – Fundação Universidade Federal do Rio Grande), Maria C. Lima (UNISUL – Universidade do Sul de Santa Catarina) e Maurício Mancini (UFRRJ – Universidade Federal Rural do Rio de Janeiro). Ressalto, também, a importância da contribuição de Eduardo Blücher com as sugestões para a estruturação desta obra. Saliento que este livro não viria à luz caso não fosse a presença de Solange Cremasco.

Marco Aurélio Cremasco

CAPÍTULO 1

ENGENHARIA

O ser humano é um ser inquieto. Tudo o que vê, sente e ouve quer pôr a mão e ir além das asas da imaginação, para simplesmente criar o que não existe e modificar o que já se fez presente. Um exemplo é imaginarmos um homem pré-histórico deparado à margem de um rio, cercado por vegetação rasteira e algumas árvores. Está faminto. Na outra margem, a caça. Mas como ir além das asas da imaginação para pousar na outra margem do rio? De repente: a razão! A árvore! Da árvore, a criação do que não existia: uma ponte rústica, mas resistente o bastante para sustentá-lo, assim como toda uma geração e o tempo; e o que era uma ponte rústica virou arcos maravilhosos, sustentados por aços formidáveis de uma ponte pênsil, ou seja: modificou-se o que já existia. Dessa maneira foi no passado e assim será no futuro. Essa capacidade de criar e de modificar as coisas é a essência da Engenharia.

CARACTERÍSTICAS DO ENGENHEIRO

O engenheiro é o profissional que procura aplicar conhecimentos empíricos, técnicos e científicos à criação e à modificação de mecanismos, estruturas, produtos e processos para converter recursos naturais e não naturais nas formas de matéria e/ou energia em formas adequadas às necessidades do ser humano e do meio que o cerca. Um profissional apto para trabalhar com transformações e indispensável aos dias atuais, pois estamos em uma época de mudanças velozes que atuam diretamente na percepção humana, cujo reflexo se dá diretamente no ambiente que o abriga como a outrem.

Para a Engenharia é fundamental o domínio da Ciência no momento em que existe a intenção de ampliar o conhecimento para explicar, classificar e prever fenômenos naturais e não naturais. O advento da informática possibilitou aos engenheiros elaborarem projetos mais complexos, assim como solucionar modelos, permitindo prever o desempenho de um determinado equipamento ou de um processo real em um universo virtual. Tais situações não se restringem ao mundo macroscópico, regido por leis newtonianas, como também à sua compreensão em nível microscópico. A nanotecnologia é um exemplo típico da importância do domínio da Ciência para a sua aplicação na Engenharia em escala que a nossa visão natural não alcança.

Outra característica da Engenharia é a necessidade da interação do seu profissional com o universo que o cerca. É importante ressaltar que o engenheiro não é o centro, mas parte de uma rede de inter-relações. Em assim sendo, o profissional de Engenharia pode exercer cargos nos quais se aliam conhecimentos técnicos, científicos e de relacionamento humano visando à melhoria das condições de vida em toda a sua extensão. A postura e a atitude ética desse profissional são virtudes indispensáveis para exercer a sua profissão. Desse modo, é importante para a Engenharia o domínio de ferramentas de gestão empresarial, de processos, de produtos, assim como de pessoas.

O engenheiro deve apresentar um perfil oriundo de uma formação generalista, humanista, crítica e reflexiva, e ser capacitado para absorver e desenvolver novas tecnologias, estimulando a sua atuação crítica e criativa na identificação e resolução de problemas, considerando aspectos políticos, sociais, ambientais e culturais para atender às demandas da sociedade. Para tanto, a legislação brasileira (BRASIL, 2002) estabelece as seguintes competências para o profissional de Engenharia:

- aplicar conhecimentos matemáticos, científicos, tecnológicos e instrumentais em Engenharia;
- projetar e conduzir experimentos e interpretar resultados;
- conceber, projetar e analisar sistemas, produtos e processos;
- planejar, supervisionar, elaborar e coordenar projetos e serviços de Engenharia;
- identificar, formular e resolver problemas de Engenharia;
- desenvolver e/ou utilizar novas ferramentas e técnicas;
- supervisionar a operação e a manutenção de sistemas;
- avaliar criticamente a operação e a manutenção de sistemas;
- comunicar-se eficientemente nas formas escrita, oral e gráfica;
- atuar em equipes multidisciplinares;

Engenharia

- compreender e aplicar a ética e responsabilidade profissional;
- avaliar o impacto das atividades da Engenharia no contexto social e ambiental;
- avaliar a viabilidade econômica de projetos de Engenharia;
- assumir a postura de permanente busca de atualização profissional.

Tais características desejadas ao engenheiro aplicam-se a qualquer que seja o seu ramo de Engenharia, mesmo porque, devido à extensão e à diversidade dos conhecimentos exigidos para a solução de problemas tão distintos dentro da Engenharia, torna-se inevitável certo grau de especialização. É praticamente impossível a um mesmo engenheiro ser igualmente capaz de projetar pontes, aparelhos de televisão, motores a jato, redes elétricas, fermentadores etc. Por isso, no campo de Engenharia, distinguem-se vários ramos, tais como: aeronáutica, aeroespacial, agrícola, agronômica, ambiental, cartográfica, civil, da computação, de alimentos, de materiais, de minas, de pesca, de petróleo, de produção, elétrica, eletrônica, física, mecânica, mecatrônica, metalúrgica, naval, química, sanitária e têxtil. O Quadro 1.1 apresenta algumas características de quatro grandes ramos dentro da Engenharia.

HABILIDADES NECESSÁRIAS PARA O ENGENHEIRO

Qualquer que seja a especialidade de Engenharia são observadas, em cada uma, as mesmas características fundamentais, como aquelas já apontadas. Em cada caso, cria-se um dado sistema físico, químico e/ou biológico para transformar, em formas úteis, recursos materiais, energéticos, humanos ou de informação. Para tanto, o profissional de Engenharia utiliza-se de sua habilidade técnica, a qual diz respeito à compreensão e proficiência em determinado tipo de atividade, principalmente naquela em que estejam envolvidos métodos, processos e procedimentos. A formação do engenheiro, no século passado, era voltada, basicamente, para cálculos, simulações e projetos, caracterizando-o como um indivíduo objetivo e voltado para coisas.

Hoje, mais do que nunca, o engenheiro deve ter habilidade humana, a qual se refere à capacidade de o indivíduo interagir com outros, para formar um semelhante que respeite o seu semelhante e a natureza com responsabilidades ética e social. O futuro engenheiro não deve ser apenas competente tecnicamente, mas ter consciência crítica, capaz de atuar na transformação social (LONGO, 1992). Ao ter essa habilidade, o profissional possui consciência de suas próprias atitudes, opiniões e convicções acerca dos outros. Ao perceber a existência de outras atitudes, opiniões e convicções diferentes da sua, o indivíduo é hábil para compreendê-las e, portanto, passível de reparti-las para o bem comum (CREMASCO; CREMASCO, 2002).

Quadro 1.1 Características de alguns ramos da Engenharia (UNIP, 2003).

Engenharia	Atividades características	Mercado de trabalho
Civil	Definir esquemas de construção da estrutura, estabelecer o material a ser utilizado, calcular dimensões de peças e supervisionar as instalações, Projetar, construir e reformar edifícios; Captar e instalar rede de distribuição de água. Construir usinas hidrelétricas para produção de energia. Projetar e construir obras de porte elevado, como rodovia, ferrovias, aeroportos, viadutos, pontes etc. Analisar a resistência e a permeabilidade do solo e do subsolo, definindo métodos, técnicas e materiais que devem ser utilizados na construção de alicerces de edificações.	O engenheiro civil pode atuar em projetos, construção, fiscalização de obras, perícia, planejamento e manutenção nas seguintes áreas e respectivas aplicações: materiais; estruturas – edifícios residenciais, industriais ou comerciais, pontes, barragens; hidráulica e saneamento; transportes e geotécnica – estradas, aeroportos, portos etc.
Elétrica	Projetar, construir e fazer manutenção de transmissores e receptores de rádio e de televisão, centrais telefônicas, equipamentos de microondas, tomógrafos etc. Elaborar e aprimorar sistemas de controle e automação de máquinas operatrizes, usinas hidrelétricas e linhas de transmissão em geral. Projetar, construir, fazer a montagem, operação e manutenção da instalações industriais, sistemas de medição e controles elétricos. Atuar em todas a etapas do processo de geração, transmissão, distribuição e uso de energia elétrica e fontes alternativas de energia.	O engenheiro elétrico pode atuar em indústrias, empresas de projeto e instalações, empresas comerciais de equipamentos eletrônicos, instituições científicas, no setor de telecomunicações e fibra ópticas.
Mecânica	Projetar, instalar e manter bombas, válvulas e máquinas em funcionamento; Definir instrumentos para monitorar processos térmicos e hidráulicos. Determinar o tamanho dos equipamentos, fazendo especificações térmicas e escolhendo o material para os equipamentos industriais. Elaborar catálogos técnicos, moldes para ferramentas e dispositivos de alimentação de máquinas; testes de resistência em máquinas e equipamentos. Desenvolver turbinas a vapor, compressores, caldeiras, motores de combustão interna e sistemas de refrigeração.	O engenheiro mecânico pode trabalhar em indústrias têxteis, metalúrgicas, siderúrgicas, automobilística etc. Atualmente o setor automobilístico é o que mais absorve esse profissional, que poderá trabalhar, também, no comando de equipes de especialistas, em manutenção de máquinas em geral e no desenvolvimento de novos projetos.
Química	Criação de novos produtos e processos de fabricação por meio de experiências desenvolvidas em laboratórios. Tratamento de água e esgotos. Reciclagem de lixo e controle de poluição. Planejamento e supervisão das operações e processos na Indústria Química. Definição do processo de produção, dos recursos materiais, equipamentos, processos de segurança, da estocagem e movimentação das matérias-primas e da produção na Indústria Química.	O engenheiro químico pode especializar-se na fabricação de borracha, celulose, tintas, corantes, inseticidas, derivados do petróleo, resinas, medicamentos e bebidas. Todas as atividades relacionadas com o meio ambiente, com a higiene industrial e com a segurança estão em franco desenvolvimento, por exigência dos órgãos governamentais, o que torna, assim, indispensável a presença desses profissionais para a adequação das empresas à legislação vigente.

O engenheiro precisa conciliar as suas habilidades técnica e humana para desenvolver a sua habilidade conceitual, que está diretamente associada à coordenação e integração de todas as atitudes e interesses da organização a qual pertence ou presta serviço, assim como permite a reflexão sobre o impacto de suas ações. Segundo Davis e Newstron (1992), a habilidade conceitual está relacionada à capacidade de pensar em termos de modelos, estruturas e amplas interligações, tais como planos a longo prazo. Esses autores mencionam que a habilidade conceitual lida com ideias, ao passo que a habilidade humana diz respeito às pessoas e a habilidade técnica envolve coisas. Como se vê, não basta ser bom técnico, caso não for capaz de entender de forma abrangente o sentido da atividade que está exercendo, por meio dessas três habilidades interconectadas, como ilustra a Figura 1.1. Ao desenvolver tais habilidades, o profissional estará envolvido e comprometido com a integração do ser humano à sociedade e ao seu entorno; estará atento à integração da tecnologia com o mundo e às consequências de seus serviços no comportamento do ser humano e daquilo que o cerca.

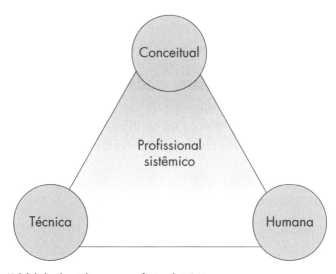

Figura 1.1 Habilidades desejadas para o profissional sistêmico.

Com o surgimento da Revolução Industrial (a ser visto no Capítulo 5) até um passado recente, a habilidade técnica foi se tornando, passo a passo, mais importante do que a humana a ponto de pôr em risco a própria espécie humana com o surgimento da Era Atômica. Foram criadas desavenças, guerras frias e muros de Berlim. Quando o mundo viu-se livre desses muros notou, amargamente, que tecnologia estava distanciada, paradoxalmente, da própria habilidade técnica, pois o conhecimento de ponta estava nos laboratórios, e a aplicação deste, na expectativa da melhor oportunidade econômica. Especula-se a viabilidade da Ciência com agregação da possibilidade econômica, sem qualquer preocupação com a Ética. Com o final da Guerra Fria, o mundo não ficou dividido por ideologias, mas pela capacidade de gerar e absorver tecnologia (PORTUGAL, 2000). Dessa maneira, o profissional de Engenharia precisa ter a compreensão exata do que seja modernidade, para concorrer eticamente com tais mudanças, provendo-as e, dentro do possível, prevendo-as. É o crescente acervo de conhecimento dinamicamente traduzido em tecnologia que define, como processo de transformação do mundo, a modernização (CANTANHEDE, 1994).

PERFIL DESEJADO PARA O ENGENHEIRO NO INÍCIO DO SÉCULO XXI

Em pesquisa encomendada pela Escola Politécnica de Engenharia da USP (POLI/USP), em janeiro de 1998, junto às empresas do Estado de São Paulo e financiada pela Federação das Empresas do Estado de São Paulo, procurou-se conhecer perfil profissional ideal do novo engenheiro que estaria sendo requerido pelo mercado de trabalho no início do século XXI. Foram consultadas 17.518 empresas, sendo que 53% dos questionários distribuídos foram respondidos por gerentes e supervisores; 31% respondidos por diretores; e 16% respondidos por analistas, consultores, presidentes e vice-presidentes das empresas. De um conjunto de 72 características, os 16 atributos mais valorizados foram os seguintes, em sequência de importância (MORAES, 1999):

- ser comprometido com a qualidade do que faz;
- ter habilidade para trabalhar em equipe;
- ter habilidade para conviver com mudanças;
- ter visão clara do papel cliente-consumidor;
- ser usuário das ferramentas básicas de informática;
- dominar a língua inglesa;
- ser fiel para a organização em que trabalha;
- valorizar a ética profissional;
- ter vontade de crescer;
- ser capacitado para o planejamento;
- apresentar visão das necessidades do mercado;
- valorizar a dignidade e ter honra pessoal;
- ter visão do conjunto da profissão;
- apresentar habilidade para economizar recursos;
- ser preocupado com a segurança no trabalho;
- ter habilidade para conduzir pessoas.

Outros atributos importantes detectados na pesquisa da POLI/USP foram:
- ter capacidade de expor ideias oralmente e de forma organizada;
- facilidade para escrever bem;
- apresentar obediência, disciplina, cumprimento de regras.

A partir da pesquisa da POLI/USP, Moraes (1999) pondera que o mercado de trabalho acaba por exigir um engenheiro capaz de continuar aprendendo, participando e interagindo com os outros e, principalmente, um indivíduo capaz de sentir-se feliz como pessoa e como profissional, vivendo num mundo em permanente mobilidade e evolução. E, ainda, que deve ser um cidadão com um potencial cognitivo ampliado, versátil, autônomo, capaz de transitar, emocional e intelectualmente, pelos diversos caminhos da sociedade do conhecimento, que possua visão de totalidade, associada à formação de competências básicas, com os pré-requisitos necessários para que seja membro de uma cultura, capaz de integrar um sistema produtivo, ser consumidor consciente e tomar posse de informações presentes no mundo que afetam sua vida como cidadão. Ainda segundo Moraes (1999), a busca do novo engenheiro está muito relacionada com as qualidades do *ser* e menos com o *saber* técnico. De acordo com a autora, este profissional é um ser que procura compreender a qualidade como uma obrigação constante em busca da perfeição no exercício de sua atividade profissional. É um ser que sabe viver e conviver, que valoriza a ética, a dignidade pessoal, um indivíduo que tem honra pessoal, que sabe conviver com as mudanças e que possui uma inteligência pessoal bem desenvolvida, o que significa ser capaz de se autoconhecer e de reconhecer e valorizar o outro. É um ser autônomo, com boa capacidade decisória e crítica para poder avaliar e confiar em suas fontes de informações e ser capaz de produzir conhecimentos (MORAES, 1999).

CONCLUSÃO

A Engenharia faz parte da vida das pessoas. Não existe espaço para a divisão do humanista de um lado e do técnico de outro, separados como água e óleo e tão diferentes quanto café e leite. Emerge o técnico ser humano, não significando que o ser humano distancie-se da virtude, da ética, ou que o técnico simplesmente abra mão de suas habilidades específicas. O engenheiro deve ser resultante de contribuições. Ele não resulta da soma das partes, mas do grau. Ele não é a soma do café e leite, mas a mistura café com leite, que não é café nem leite e muito menos a soma, mas resultado do teor de café e de leite, constituindo o novo. Não se trata de humanizar o técnico ou vice-versa, mas moldar o espírito das pessoas para a realidade que não se cansa de nos assombrar com rapidez e diversidade, levando-nos para um futuro nada previsível, contudo possível de manter o planeta vivo para as futuras gerações.

BIBLIOGRAFIA CONSULTADA

BRASIL. Ministério da Educação. Conselho Nacional de Educação. Câmara de Educação Superior. Resolução CNE/CES 11/2002, de 11 de março de 2002. Institui diretrizes curriculares nacionais do curso de graduação em Engenharia. **Diário Oficial da União**, Brasília, DF, 9 abr. 2002. Seção 1, p. 32.

CANTANHEDE, O. O engenheiro criativo. In: CONGRESSO BRASILEIRO DE ENSINO DE ENGENHARIA, 22. **Anais...** Porto Alegre, 1994. p. 671-673.

CREMASCO, M. A.; CREMASCO, S. B. R. Educação tecnológica humanista. In: INTERTECH. **Anais...** Santos, 2002. CD-ROM.

DAVIS, K.; NEWSTRON, J. W. **Comportamento humano no trabalho**. Trad. C. W. Bergamini e R. Coda. São Paulo: Pioneira, 1992.

LONGO, H. I. Por uma educação transformadora para o ensino de Engenharia. In: CONGRESSO BRASILEIRO DE ENSINO DE ENGENHARIA, 20. **Anais...** Rio de Janeiro, 1992. p. 391-400.

MORAES, M. C. O perfil do engenheiro dos novos tempos e as novas pautas educacionais. In: _____. **Formação do Engenheiro:** desafios da atuação docente, tendências curriculares. Florianópolis: Editora da UFSC, 1999. p. 53-66.

PORTUGAL, A. D. Para crescer, a agricultura precisar ser competitiva. **Fapesp Pesquisa**, São Paulo, n. 56, ago. 2000.

UNIP. **Caderno Unip e as profissões**. Disponível em: <www.unip.br>. Acesso em: 10 ago. 2003.

2 CAPÍTULO

ENGENHARIA QUÍMICA

Definir uma profissão é procurar a natureza do que ela faz, no que e onde o seu profissional atua, além de identificar habilidades e competências para o seu exercício. No caso da Engenharia, como mencionado no Capítulo 1, cria-se um sistema físico, químico ou biológico para transformar em formas úteis recursos materiais e energéticos. Tal característica também é encontrada no ramo da Engenharia Química.

O QUE É A ENGENHARIA QUÍMICA

Dentro do contexto exposto no parágrafo anterior, a Engenharia Química pode ser entendida como o ramo da Engenharia envolvido com processos, em que as matérias-primas sofrem modificações na sua composição, conteúdo energético ou estado físico, por meio de processamento, no qual os produtos resultantes venham a atender a um determinado fim. A essência da Engenharia Química, segundo Scriven (1987), está na concepção ou síntese, no projeto, teste, *scale-up*, operação, controle e otimização de processos químicos que mudam o estado e a microestrutura, mais tipicamente a composição química de materiais por meio de separações físico-químicas, tais como destilação, extração, adsorção, cristalização, filtração, secagem, e por reações químicas, incluindo bioquímicas e eletroquímicas.

A Engenharia Química também figura na inovação e no desenvolvimento de produtos, particularmente quando há no processo de produção características de composição e microestrutura que conferem certas propriedades aos produtos. O impacto principal desse ramo de Engenharia, entretanto, está na concepção, no exame, no projeto preliminar de um possível processo; na avaliação econômica do processo e incertezas; na geração de dados e experiência; na seleção de alternativas e na definição do projeto final que considera todos os fatores, incluindo a controlabilidade, segurança e aspectos ambientais; no gerenciamento da construção e a partida da planta; e finalmente no andamento, correções e aprimoramento do processo em operação, bem como na demanda do mercado para o produto obtido. Como pode ser observado, o profissional de Engenharia Química está cada vez mais envolvido no projeto de produto em complementação ao projeto de processo. Isso exige maior esforço do profissional para atender as necessidades dos *stakeholders*, que são os vários atores que interagem com uma determinada organização, influenciando-a e desempenhando papel importante para ela e vice-versa. Os *stakeholders* compõem uma rede de relações, envolvendo os diversos públicos afetados por atividades de uma certa organização, assim como esta é afetada por tais públicos (veja a Figura 2.1). Em assim sendo, a capacitação do profissional de Engenharia Química extrapola o campo essencialmente técnico de seu ramo.

Figura 2.1   A rede de relações de uma organização: os *stakeholders*.

Tendo em vista que a transformação da matéria e de energia está no cerne da Engenharia Química, a sua evolução proporcionou e vem proporcionando sub-ramos, tornando-se híbrida com diversas ciências aplicadas, tais como bioquímica, materiais eletrônicos, ciência de polímeros e cerâmica, assim como com outros ramos de Engenharia: ambiental, de alimentos, metalúrgica etc. A Engenharia Química, portanto, acaba influenciando e sendo influenciada por largo espectro de conhecimento dentro da Engenharia, assim como estabelece interação e parceria com profissionais de áreas que não sejam específicas da Engenharia, tais como Administração de Empresas, Farmácia, Medicina, Economia, entre outras profissões.

O QUE É O ENGENHEIRO QUÍMICO

O engenheiro químico, originalmente, foi concebido para atuar exclusivamente na Indústria Química, diferenciando-se de um químico por trabalhar com transformações em nível macroscópico, larga escala e operações contínuas. Hoje em dia, a sua formação (a ser vista no próximo capítulo), a qual combina princípios da matemática, química, física e biologia, com ciências e técnicas da Engenharia, permite que o engenheiro químico resolva problemas relacionados a projeto, construção e operação de instalações (plantas), onde ocorre praticamente qualquer tipo de transformação de materiais em níveis moleculares ou macroscópicos, em pequena ou larga escala e em operações contínuas ou em batelada.

Considerando-se a característica multidisciplinar da sua profissão, é comum confundir as atividades básicas do profissional de Engenharia Química com a de outros profissionais que atuam em áreas correlatas. O Quadro 2.1 apresenta, sucintamente, algumas características das atividades de cada um desses profissionais. Já o Quadro 2.2, por sua vez, mostra as atribuições para as categorias profissionais que atuam na área de Química, de acordo com a RN n.° 36 do Conselho Federal de Química.

CAMPOS E ÁREAS DE ATUAÇÃO DO ENGENHEIRO QUÍMICO

Ressalta-se que é objeto do engenheiro químico a arte de engendrar e transformar matérias-primas (insumos ou *inputs*) em produtos com valor agregado e para atender as necessidades dos *stakeholders*, conforme ilustrado na Figura 2.1.

Figura 2.2 Processo básico de transformação.

Quadro 2.1 Características do engenheiro químico e de profissionais correlatos.*

Engenheiro químico	O engenheiro químico está envolvido com o desenvolvimento de processos de fabricação, pelos quais a matéria-prima é transformada em produto de uso comercial e industrial. O profissional elabora novos métodos para a produção de produtos químicos, bem como aperfeiçoa as técnicas de extração, transformação e utilização de matérias-primas. Ele pesquisa e analisa os processos de produção presentes em indústrias e laboratórios. É ele quem projeta e acompanha a construção, a montagem e o funcionamento de instalações e fábricas da Indústria Química e correlata, assim como estações de tratamento de resíduos.
Químico	O químico ocupa-se com o estudo da composição, das características, da estrutura e propriedades das substâncias, da interação entre elas e das transformações e combinações da matéria. Com licenciatura, o químico pode dar aulas no ensino fundamental e médio e, com pós-graduação, em faculdades.
Químico industrial	O químico industrial desenvolve produtos e novas tecnologias na indústria, buscando aperfeiçoar produtos e novas fórmulas que recebam características físico-químicas, além de avaliar a viabilidade econômica e técnica de processos de fabricação e linha de produção, coordenando a manutenção e instalação de equipamentos.
Engenheiro industrial	O engenheiro industrial cuida dos recursos envolvidos na linha de produção em busca de maior produtividade. Esse profissional está habilitado para o planejamento de processos industriais. O engenheiro industrial planeja instalações, cuida da proteção, reposição e aquisição de máquinas e equipamentos, supervisiona a produção e o controle de qualidade.
Engenheiro ambiental	O engenheiro ambiental pesquisa, desenvolve e aplica tecnologias de manejo que buscam promover o desenvolvimento econômico sem prejudicar o meio ambiente. O profissional ocupa-se com estratégias para preservar a qualidade da água, ar e solo, com o planejamento ambiental, recomposição de regiões, saneamento, matrizes energéticas, controle da poluição e outras ações de preservação e recuperação do meio ambiente.
Engenheiro de alimentos	O engenheiro de alimentos cuida da fabricação, análise, armazenagem, conservação e transporte de produtos alimentícios industrializados e bebidas de origem animal e vegetal. Ele estuda e pesquisa as reservas da agricultura, da pecuária e da pesca. Acompanha o processamento de matérias-primas básicas, como leite, carne, verduras, legumes, frutas e cereais.
Engenheiro de materiais	O engenheiro de materiais dedica-se a pesquisar e desenvolver novos materiais e novas aplicações industriais para materiais tradicionais, caracterizados especialmente pela resistência. O profissional estuda desde o desenvolvimento de processos de tratamento de matérias-primas de alta tecnologia até a fabricação e o controle de qualidade de diversos produtos.
Engenheiro metalúrgico	O engenheiro metalúrgico é responsável por todo o processo de beneficiamento de minérios, por sua transformação em metais e ligas metálicas, bem como sua utilização na indústria.
Engenheiro de minas	O engenheiro de minas ocupa-se da pesquisa, da prospecção, da extração e do aproveitamento de recursos naturais e das riquezas do solo e do subsolo, como minas de carvão, xisto e águas minerais. O profissional calcula e orienta escavações, analisa propriedades físicas e químicas dos minérios e define processos de beneficiamento, tratando os minerais a serem empregados na indústria.
Engenheiro de petróleo	O engenheiro de petróleo atua em atividades que envolvem o desenvolvimento das acumulações de óleo e de gás descobertas durante a fase de exploração de um campo petrolífero, sendo associada, primordialmente, à área de exploração. Esse profissional pode atuar em quatro áreas básicas: perfuração, reservatório, complementação e produção.

(continua)

Engenharia Química

Quadro 2.1 Características do engenheiro químico e de profissionais correlatos (continuação).*

Engenheiro de produção	O engenheiro de produção gerencia recursos humanos, financeiros e materiais para aumentar a produtividade de uma empresa. O profissional promove a interação geral da mão de obra, matérias-primas e equipamentos, planejando e administrando o acompanhamento e controlando o processo. É o elo de ligação entre as áreas administrativa e técnica.
Engenheiro têxtil	O engenheiro têxtil dedica-se à supervisão, coordenação e orientação de serviços técnicos da produção têxtil e ao tratamento de fibras, fios e tecidos para confecção de vestuários. Faz manutenção periódica de máquinas de fiação, tecelagem, malharia e tingimento.

*Fontes: <www.vestibular1.com.br/carreiras>; <www.profissaoonline.com.br>; <www.sejabixo.com.br>. Acesso em: 05 ago. 2004.

Quadro 2.2 Atribuições de profissionais de Química (fonte: CRQ V, s.d.).

Atribuições	Engenharia Química	Química Industrial	Química* (Bel. e Lic.)	Técnico** químico
1. Direção, supervisão e responsabilidade técnica	X	X	X	X*
2. Acessoria, consultoria e comercialização	X	X	X	
3. Perícia, serviços técnicos e laudos	X	X	X	
4. Magistério	X	X	X	
5. Desempenho de cargos e funções técnicas	X	X	X	X
6. Pesquisa e desenvolvimento	X	X	X	X
7. Análise química e físico-química, padronização e Controle de Qualidade	X	X	X	X
8. Produção, tratamento de resíduos	X	X		X
9. Operação e manutenção de equipamentos	X	X		X
10. Controle de operações e processos	X	X		X***
11. Pesquisa e desenvolvimento de processos industriais	X	X		
12. Execução de projetos de processamento	X	X		
13. Estudo de viabilidade técnico-econômica	X	X		
14. Projeto e especificação de equipamentos	X			
15. Fiscalização de montagem e instalação de equipamentos	X			
16. Condução de equipe de montagem e instalação	X			

(*) Dependendo do currículo da escola de formação, as atribuições para Licenciatura em Química podem ser somente aquelas constantes nos itens 1 a 5, e as atribuições de Bacharel em Química podem se estender até aquelas constantes no item 13.

(**) As atribuições constantes nos itens 1 e 10 para o Técnico Químico estão limitadas ao exercício em empresas de pequeno porte, de acordo com a RN n.º 11 do CFQ.

(***) Quando houver uma especificidade definida no curso em questão, as atribuições ficam restritas a estas características.

Imagine o quanto é ampla a Figura 2.2. Pense no dia a dia. Para ter noção disso acompanhe o Quadro 2.3, o qual nos mostra alguns produtos oriundos de suas respectivas matérias-primas. Atente que uma dada matéria-prima pode gerar mais de um produto – isto decorre do modo como a matéria-prima foi *transformada*. O Quadro 2.4 nos apresenta como os produtos advindos da arte da Engenharia Química se fazem presentes em nossa rotina.

Quadro 2.3 Elementos básicos de um processo de transformação.

Matéria-prima	Produto
Café	Cafezinho
Cana-de-açúcar	Açúcar
Cana-de-açúcar	Álcool
Petróleo	Gasolina
Petróleo	Querosene
Petróleo	Nafta
Petróleo	Gás natural

Quadro 2.4 Seleção de alguns produtos do dia a dia, cuja produção está associada à Engenharia Química (baseado em FIELD, 1988).

Produtos	Alguns exemplos
Automobilísticos	Álcool, gasolina, óleo diesel, lubrificantes
Construção	Borracha, tinta, cal, cimento
Eletrônicos	Silicone, fibras de carbono
Energia	Gás para aquecimento, banho, cozimento
Farmacêuticos	Antissépticos, anestésicos, antitérmicos
Fermentação	Cerveja, certos antibióticos
Fibras sintéticas	Roupas, cortinas, cobertores
Hortifrutigranjeiros	Fertilizantes, fungicidas, inseticidas
Limpeza residencial	Detergentes, desinfetantes, ceras, sabões
Metais	Manufatura de aço, produção de zinco
Plásticos	Brinquedos, baldes, isolamento de cabos

Tendo em vista as suas características, assim como os inúmeros produtos e serviços oriundos de suas atividades, o engenheiro químico é um profissional flexível, a ponto de atuar em outras áreas, aparentemente fora de sua especialidade. Cada vez mais o engenheiro químico trabalha em equipe multidisciplinar, orientada para diversos ramos de atividades: pesquisa, mercado, terceiro setor etc. O Quadro 2.5 ilustra exemplos dos campos de atuação do profissional de Engenharia Química, e o Quadro 2.6 apresenta exemplos de áreas nas quais o engenheiro químico pode atuar.

Engenharia Química

Quadro 2.5 Campos de atuação do engenheiro químico.

Açúcar e álcool	Papel e celulose
Borracha sintética e seus produtos e películas	Plásticos e resinas
Cosméticos e perfumes	Química
Catalisadores	Química Fina
Fármacos e bioprodutos	Petróleo
Fibras sintéticas e têxteis	Petroquímica
Gases industriais	Refratários e cerâmicos
Gorduras, óleos	Sabões, detergentes
Insumos químicos para a agricultura	Tintas e vernizes

Em se tratando de campo de atuação, um aflora de maneira especial: o do petróleo. A indústria do petróleo apresenta enorme abrangência, cobrindo atividades que vão do poço de produção à distribuição de produtos, estendendo-se ao ramo petroquímico e de fertilizantes, cada um com diferentes possibilidades de absorção de engenheiro químico. Em todas as áreas ocorre a participação desse profissional, tal como listado no Quadro 2.7 (BARATELLI JR., 1995).

Quadro 2.6 Áreas de atuação do engenheiro químico (baseado em ZAKON; MANHÃES, 2004).

Áreas	Descrição das atividades
Automação	Projeta sistemas e programas de instrumentação, controle e monitoramento de processos em instalações da Indústria Química e correlata.
Consultor	Trabalha para diferentes *stakeholders*, oferecendo conhecimentos especializados. Em uma empresa pode atuar com equipe de engenheiros para projetar e construir a expansão de determinada unidade produtiva.
Docência e treinamento	Contribui para a formação básica de recursos humanos no ramo da Engenharia Química. Atua em atividades de pesquisa e desenvolvimento. Pode ministrar formação complementar a profissionais em atividades de extensão dentro e fora de universidades.
Engenharia ambiental	Desenvolve técnicas para reduzir e recuperar materiais úteis a partir de rejeitos produzidos durante o processo de fabricação; projeta sistemas de estocagem e tratamentos, assim como estratégias de controle de poluição para operação de plantas; pode ser o responsável pelo monitoramento de todos os sistemas em uma instalação para cumprir a legislação ambiental.
Engenharia de processos	Projeta os meios de produção e equipamentos, assim como define os materiais empregados no processo produtivo. Provê suporte técnico para a equipe e procedimentos de localização de defeitos operacionais em uma instalação para manter a unidade de processamento operando com eficiência e eficácia.
Engenharia de produção	É responsável pela operação de um processo específico de transformação, trabalhando diretamente com os operadores para garantir que um produto e/ou uma matéria-prima em processamento esteja(m) de acordo com as especificações.

(continua)

Vale a pena estudar Engenharia Química

Quadro 2.6 Áreas de atuação do engenheiro químico (baseado em ZAKON; MANHÃES, 2004) (continuação).

Áreas	Descrição das atividades
Engenharia de produto e de qualidade	Acompanha e monitora o ciclo produtivo de um produto para garantir a sua especificidade. Conduz ensaios para determinar desempenho do produto ao longo do tempo. Realiza pesquisas, desenvolve e acompanha as políticas e os procedimentos que as empresas devem seguir para garantir o correto manuseio de produtos e componentes químicos.
Engenharia de segurança	Projeta e mantém as plantas (unidades industriais) seguras. É o responsável pela condução e análise de segurança de equipamentos novos e dos existentes, assim como dos públicos afetados pelo processo produtivo.
Gestão de projeto	Coordena e supervisiona o projeto global e a construção de nova instalação, bem como gerencia as operações subsequentes e seu progresso. Pode ser o responsável pela partida de um processo específico em uma indústria.
Gestão financeira	Desenvolve orçamentos e projeções de capital para a instalação industrial ou de processo, trabalhando associado a equipes de produção e de projeto para identificar as necessidades exatas de um novo processo e, então, planejar os recursos de capital necessários para implementar o empreendimento no seu ramo de competência.
Gestão tecnológica	É o responsável pela equipe de Engenharia e programas em uma instalação produtiva. Gerencia profissionais, programas de pesquisa e operações diárias das funções de engenharia, podendo coordenar trabalhos globais de pesquisa e de desenvolvimento.
Vendas e mercado	Dá assistência técnica aos clientes para solucionar problemas de produção e de processo, pela oferta de produtos e serviços para atender necessidades específicas, empregando seus conhecimentos para vender produtos químicos, equipamentos, bem como fornecer serviços de acompanhamento e treinamento quando necessários.

Quadro 2.7 Atividades técnicas de um engenheiro químico na indústria do petróleo (BARATELLI JR., 1995).

Área	Atividades
Produção de petróleo e gás natural	<ul><li>Operação em unidades de separação de óleo-água-gás;</li><li>operação e acompanhamento de processamento de gás natural;</li><li>pesquisa de processos de recuperação secundária de petróleo;</li><li>projeto de facilidades para a produção de petróleo e de unidades de processamento de gás natural;</li><li>controle ambiental e segurança industrial.</li></ul>
Refino de petróleo, petroquímica e fertilizantes	<ul><li>Operação e acompanhamento de unidades industriais;</li><li>pesquisa e avaliação de unidades industriais;</li><li>pesquisa e desenvolvimento de produtos, catalisadores e processos industriais;</li><li>controle ambiental e segurança industrial.</li></ul>
Comercialização de petróleo, petroquímica e fertilizantes	<ul><li>Planejamento da produção de petróleo e de produtos;</li><li>distribuição de petróleo e de produtos;</li><li>escoamento e armazenamento de petróleo e de produtos;</li><li>assistência técnica.</li></ul>
Desenvolvimento de produtos	<ul><li>Pesquisa de mercado;</li><li>desenvolvimento de mercado;</li><li>assistência técnica ao cliente.</li></ul>

CONTRIBUIÇÃO DA ENGENHARIA QUÍMICA

A Engenharia Química vem oferecendo grande avanço tecnológico para a sociedade, sendo difícil imaginar a vida moderna sem a fabricação em larga escala de produtos como aqueles apresentados no Quadro 2.4. Porto (2000) menciona que o American Institute of Chemical Engineers (AIChE) compilou uma lista das "10 Maiores Conquistas da Engenharia Química" no século XX. Entre os *produtos* presentes nessa lista, alguns se destacam por caracterizar o que pode ser entendido como sociedade moderna, constituindo-se triunfos da humanidade (PORTO, 2000), conforme mostrado no Quadro 2.8.

TENDÊNCIAS DA ENGENHARIA QUÍMICA

Além dos produtos apresentados no Quadro 2.8, é importante que se escreva que, com o crescente desenvolvimento da ciência dos materiais e das estruturas moleculares, criaram-se oportunidades concretas de projetar produtos para necessidades específicas, tais como pastas de dente, cremes e loções, em que a microestrutura é essencial na definição do produto final (PORTO, 2000). Mais do que uma boa qualidade do produto, continua o prof. Porto, objetiva-se trabalhar sobre o desempenho desse produto, para que possua propriedades que satisfaçam certos critérios para atender determinadas características que farão parte do produto, por sua própria natureza, um item competitivo no mercado. Como resultado de estudos em nível atômico e molecular (nanotecnologia), uma nova classe de materiais deve emergir para aplicações em tecnologia de sensores (de resposta ultrarrápida), óptico-eletrônicos, fotovoltaicos (fotossíntese artificial), eletrônicos (tunelamento de um único elétron) e catálise (KLEINTJENS, 1999). Sob esse aspecto, existe uma relação bastante estreita entre a nanotecnologia e a Engenharia Química, a começar com o emprego de nanomateriais como catalisadores na área de reação química, em processos de purificação de fármacos, na sua manipulação – em escala molecular – em produtos cosméticos, de limpeza, tintas e plásticos. Na administração de fármacos, por exemplo, há uma forte tendência do desenvolvimento de nanocápsulas que o transportem diretamente para as células (cancerosas) em que o medicamento atuará. Além do desenvolvimento de novos produtos, nanoprodutos, haverá a necessidade de redução de escala de produção e, em consequência, na redução da dimensão dos equipamentos empregados na Engenharia Química.

Quadro 2.8   Conquistas da Engenharia Química (baseado em PORTO, 2000).

Produtos	Comentários
Artefatos biomédicos	A aplicação do conceito de operações unitárias (veja Capítulos 3 e 8) foi decisiva para o sucesso do desenvolvimento de órgãos artificiais e implantes, além de drogas microencapsuladas para administração controlada de princípios ativos.
Borracha sintética	Nossos meios de transporte dependem muito das borrachas sintéticas, sejam automóveis, ônibus ou caminhões, ou mesmo aviões, bicicletas e o tênis.
Conversores catalíticos	O desenvolvimento de conversores catalíticos automotivos e o aumento da octanagem da gasolina são exemplos de como os engenheiros químicos contribuíram para a redução dos problemas ambientais gerados pela vida moderna.
Fertilizantes	A produção de fertilizantes é uma das grandes conquistas da humanidade. A necessidade de se fixar o nitrogênio do ar e da incorporação do potássio e do fósforo na composição de produtos adequados ao solo permitiu aumento sem precedentes na produção de alimentos, sem o qual o crescimento populacional humano teria sido freado pela escassez ou insuficiência de alimentos.
Fibras sintéticas	A utilização de fibras sintéticas na produção de colchões, travesseiros, meias de nylon, coletes à prova de balas e uma infinidade de outros artigos de uso cotidiano permitiu a substituição do algodão e da lã, tornando a nossa vida mais confortável e segura.
Gases puros	A liquefação do ar a 160 °C abaixo de zero permite a separação de seus componentes. O nitrogênio é utilizado na recuperação de petróleo, congelamento de alimentos, produção de semicondutores e como gás inerte em várias reações; o oxigênio é utilizado na fabricação do aço, na soldagem de metais e em aparelhos de respiração artificial.
Isótopos radioativos	A separação e desintegração de isótopos radioativos permitem que sejam utilizados amplamente na medicina para monitorar o funcionamento do organismo, assim como identificar artérias e veias bloqueadas, identificar mecanismos metabólicos; são ainda utilizados por arqueólogos para datação de artefatos.
Medicamentos	Desde a descoberta da penicilina, em 1929, foi essencial a participação da Engenharia Química no aumento do rendimento para a produção em massa de antibióticos e outros medicamentos a custos relativamente baixos.
Plásticos	Embora a química dos polímeros tenha se desenvolvido muito no século XIX, foi somente com a contribuição da Engenharia Química do século XX que se viabilizou a produção em massa e econômica de plásticos.
Produtos petroquímicos	O desenvolvimento do craqueamento catalítico, que permite a quebra de compostos oriundos do petróleo em moléculas básicas, viabilizou a produção em larga escala de gasolina, óleo diesel, óleos lubrificantes, borracha e fibras sintéticas.

Na maioria dos casos, essas novas vias ou especializações da Engenharia moderna (pós-química, no sentido de ser mais abrangente do que a Engenharia Química) devem ser vistas mais como campos de atuação do que propriamente profissões emergentes (PORTO, 2000). Ainda sob este aspecto, ressalta o prof. Porto, o título de enge-

Engenharia Química

nheiro químico mais soma do que divide quando se trata de buscar novas alternativas de trabalho ou novo emprego. Profissionais mais específicos tendem também a limitar mais o seu campo de atuação. Como exemplo, pode-se citar a Engenharia de Tecidos, que precisa ser devidamente "dissecada" para que possa ser dominada. Porto (2000) apresenta, a partir de informações colhidas do AIChE, algumas áreas de especialização dentro da Engenharia Química, as quais estão mostradas no Quadro 2.9.

Além das apresentadas no Quadro 2.9, outras áreas de especialização de Engenharia podem se beneficiar dos conhecimentos do engenheiro químico, que, por sua vez, encontra oportunidades para pesquisa e trabalho em tópicos relacionados à engenharia eletroquímica, engenharia de alta pressão (supercrítica e outras áreas) e engenharia de segurança de processos e instalações químicas. Novos processos comerciais serão baseados ainda em processos químicos não convencionais envolvendo plasma, microondas, fotoquímica e biomateriais. Sensores de análise e controle em tempo real deverão exigir a integração de engenheiros, químicos, físicos e outros profissionais (PORTO, 2000).

Ao estabelecer os campos e as áreas de atuação (veja os Quadros 2.5, 2.6, 2.7), bem como as possibilidades de atividades futuras (Quadro 2.8) associadas à Engenharia Química, o seu profissional estará apto para atuar no desenvolvimento de processos, produtos, projetos, operação e sistemas, assim como em diversas áreas tecnológicas e gerenciais, conforme ilustra a Figura 2.3. Desse modo, deve haver alguém capaz de entender a natureza do que ele faz (o *"transformar"*: *matéria-prima* em *produto e/ou serviço*), no que *(projeto e/ou processo*, por exemplo) e onde ele atua (indústria e/ou universidade e/ou centros de pesquisa), além de desenvolver competências para exercer a sua profissão, baseado em suas habilidades e competências. Esse profissional é o *engenheiro químico*.

Quadro 2.9 Áreas de especialização na Engenharia Química (PORTO, 2000).

Áreas de especialização	Descrição
Engenharia Bioquímica/ de Bioprocessos	Processos bioquímicos são cada vez mais utilizados para a fabricação de produtos químicos. A futura exploração de biocatalisadores deverá ampliar em muito as perspectivas da biotecnologia e o papel do engenheiro químico em processos bioquímicos industriais. O papel da Engenharia Bioquímica, e mais amplamente da Engenharia de Bioprocessos é tão importante para a indústria moderna que deverá abrir espaço para o ingresso de novas áreas de Engenharia Química, como por exemplo a Engenharia Metabólica e da Engenharia Genômica.
Engenharia Biológica/ Genômica/ Metabólica (inclui processos celulares, Engenharia Enzimática, processos fermentativos)	A Engenharia Metabólica preocupa-se com a produção de compostos via manipulação de metabólitos específicos ou caminhos específicos de transdução de sinais, estratégias para alterar a regulação de vias bioquímicas e processos celulares, por meio do uso da tecnologia do DNA recombinante (Engenharia Genética). Com o grande aumento de organismos geneticamente sequenciados, e com os avanços da biologia computacional, o genoma considerado como um todo está abrindo caminho para o estudo de células *in silico* e Engenharia Genômica. Genericamente, pode-se considerar esse conjunto de assuntos como Engenharia Biológica, que trata também da engenharia de tecidos (e de órgãos).

(continua)

Quadro 2.9 Áreas de especialização na Engenharia Química (PORTO, 2000) (continuação).

Áreas de especialização	Descrição
Engenharia Criogênica	Trata de processos que envolvem baixíssimas temperaturas, exigindo profundo conhecimento de termodinâmica e ciência dos materiais. Encontra aplicações em diversas áreas, tais como refrigeração, separação dos componentes do ar (He, N_2, Ar, O_2), produção de paraidrogênio, hélio superfluido, supercondutores etc.
Engenharia de Interfaces	A ciência e os fenômenos de superfície, com o devido suporte de Engenharia, serão capazes de definir, controlar e manipular os componentes químicos de um único sítio de adsorção. Muitos fenômenos importantes acontecem em interfaces líquido-líquido, gás-líquido, fluido-sólido, e por serem malcompreendidos podem se beneficiar dos recentes avanços tecnológicos, aprimorando os atuais processos ou desenvolvendo novos processos e produtos.
Engenharia de Materiais (incluindo cerâmica, polímeros, metais, têxteis, semicondutores)	Futuros avanços devem advir de maior interdisciplinaridade na ciência e engenharia de materiais, sobretudo na área da nanotecnologia. Além disso (inclusão nossa), no Brasil o plástico de origem petroquímica poderá ser substituído pelo bioplástico a partir da biomassa oriunda da cana-de-açúcar.
Engenharia de Petróleo e de Gás Natural	A grande abundância de gás natural representa enorme potencial para seu uso mais intensificado como combustível e matéria-prima. A engenharia de gás natural deve ampliar suas atividades para o melhor aproveitamento deste recurso. Embora seja campo de atividade também para outros engenheiros, cabe ao engenheiro químico o desenvolvimento de processos, a exemplo do processo SMDS (*Shell Oil Co.'s Middle Distillate Synthesis*), para conversão do metano em gasóleo, parafinas e combustíveis líquidos livres de enxofre e de nitrogênio.
Engenharia Química Médica/ de Tecidos	Os conhecimentos de Engenharia Química podem ser de grande utilidade na medicina, por meio, por exemplo, da formulação de modelos matemáticos para sistemas biológicos, incluindo a fisiologia de órgãos, tais como olho, pulmão e coração, e desenvolvimento de materiais poliméricos biocompatíveis. Estes podem ser utilizados em aparelhos médicos, pesquisas cinéticas, de transporte e termodinâmica de sistemas vivos e no desenvolvimento de tecidos e órgãos.

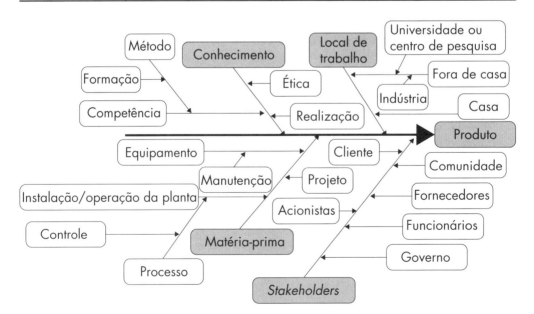

Figura 2.3 Atividades inerentes a um Engenheiro Químico.

CONCLUSÃO

Ao analisarmos a Figura 2.3 em conjunto com os quadros apresentados neste capítulo, tem-se a dimensão do que pode fazer e onde o engenheiro químico pode atuar. Apesar de a Figura 2.3 destacar matéria-prima e produto, cuja etapa de transformação (Figura 2.2), até um passado recente, era considerada a característica básica do engenheiro químico, é importante ressaltar a importância do *conhecimento*, que complementa os aspectos relacionados às habilidades do engenheiro (veja a Figura 1.1). Observe que o engenheiro químico, podendo atuar como gestor, professor, pesquisador, vendedor, precisa relacionar-se com o outro, tais como funcionários, alunos, clientes, mesmo com a população, já que a sua atividade também envolve, por exemplo, aspectos ambientais (veja a Figura 2.1). O aspecto ético é importantíssimo, pois nenhuma discussão sobre tomada de decisão é completa sem a sua inclusão. A instalação de uma Indústria Química, por exemplo, além de contemplar os interesses de acionistas, deve respeitar e satisfazer as necessidades da comunidade em geral. Em outras palavras, não basta ser bom técnico se não for capaz de entender, de forma abrangente, o sentido da atividade que está exercendo.

BIBLIOGRAFIA CONSULTADA

BARATELLI JR., F. Perfil do engenheiro químico: necessidades das indústrias. In: ENCONTRO BRASILEIRO SOBRE O ENSINO DE ENGENHARIA QUÍMICA, 6. **Anais...** Itatiaia, 1995. p. 93-96.

CRQ V – CONSELHO REGIONAL DE QUÍMICA DA 5ª REGIÃO. **Atribuições:** profissionais da química. Porto Alegre, [s.d.]. Disponível em: <www.crqv.org.br/php/index.php?link=4&sub=3>. Acesso em: 28 nov. 2012.

FIELD, R. **Chemical engineering:** introductory aspects. London: Macmillan Education, 1988.

KLEINTJENS, L. A. L. Thermodynamics of organic materials, a challenge for the coming decades. **Fluid Phase Equilibria**, Amsterdam, v. 158-160, p. 113-121, June 1999.

PLACHTA, I. Formação x Informação no ensino da Engenharia Química: necessidades das indústrias. In: ENCONTRO BRASILEIRO SOBRE O ENSINO DE ENGENHARIA QUÍMICA, 5. **Anais...** Itatiaia, 1993. p. 237-247.

PORTO, L. M. A evolução da Engenharia Química: perspectivas e novos desafios. In: CONEEQ, 10., 2000, Florianópolis. **Anais...** Campinas: CAEQ, 2000. Disponível em: <www.hottopos.com./regeq10/luismar.htm>. Acesso em: 03 ago. 2004.

SCRIVEN, L. E. The roles of yesterday's, today's, and tomorrow's emerging technologies in Chemical Engineering. Opening Presentation, Session 1, The Roles of Chemical Engineers in Emerging Technologies. In: **American Institute of Chemical Engineers National Meeting**. Minneapolis, 1987.

ZAKON, A.; MANHÃES, I. N. O ensino da Engenharia Química perante a diversificação profissional nos EUA e no Brasil. In: ENCONTRO ENSINO EM ENGENHARIA, 7., 2001, Petrópolis. **Anais...** Rio de Janeiro: UERJ, 2001. Disponível em: <www.pp.ufu.br/arquivos/16.pdf>. Acesso em: 04 ago. 2004.

3 CAPÍTULO

A FORMAÇÃO DO ENGENHEIRO QUÍMICO

É comum escutar de um estudante que a sua escolha por Engenharia Química deveu-se à sua atração por química, por gostar de matemática, mais ou menos de física. Além de não gostar de biologia e áreas correlatas e por querer ver português e outras áreas de Ciências Humanas por lentes de binóculo (e dos bons). Quem pensa assim distancia-se da contemporaneidade da profissão e de seu próprio tempo.

Um engenheiro químico, ao pesquisar, por exemplo, a purificação do Paclitaxel, conhecido como Taxol®, um poderoso anticancerígeno, deve ter a curiosidade de saber como o fármaco inibe a divisão celular. Além disso, ele precisa saber como esse agente pode ser extraído da natureza, pois o Paclitaxel está presente nas cascas de árvores do teixo do Pacífico *(Taxus brevifolia)*. É importante que o profissional esteja atento sobre as consequências dessa extração, pois são necessárias seis de tais árvores, cada qual com cerca de cem anos de idade, para a obtenção da quantidade anual de Paclitaxel o suficiente para um só paciente, implicando descascar a árvore, levando-a à morte. O engenheiro químico, dessa maneira, deve estar preparado para, eventualmente, ficar frente a frente com um dilema ético que, neste exemplo, aflora entre o combate ao câncer e a desertificação.

Felizmente, foi possível a descrição da estrutura molecular do Paclitaxel e sintetizá-lo, assim como obtê-lo a partir da cultura de células vegetais, preservando a espécie natural de onde provém. Nesse caso, o profissional de Engenharia Química

36   Vale a pena estudar Engenharia Química

deve estar familiarizado com o tipo de síntese, assim como ter o conhecimento de que a obtenção do Paclitaxel é acompanhada pela obtenção de vários compostos estruturalmente semelhantes, complicando a sua posterior separação e purificação. Em sendo assim, o engenheiro químico deve propor soluções para separar e purificar o fármaco por meio de alguma técnica de separação, como, por exemplo, a adsorção. Dessa maneira, urge a importância de o engenheiro químico ter o domínio sobre o mecanismo de separação, o qual está associado a conhecimentos de Termodinâmica e de Transferência de Massa, assim como da representação do fenômeno/mecanismo de separação, que ocorre por meio do estabelecimento de equações matemáticas e respectiva solução. Conhecido o mecanismo e presumindo a pureza desejada ao produto, o engenheiro químico pode realizar o projeto do processo de purificação, bem como estabelecer a técnica analítica para avaliar a quantidade e a qualidade do Paclitaxel obtido.

Saliente-se que a escolha da adsorção, além da eficácia (obtenção da pureza desejada), deve ser eficiente, a qual está relacionada a um estudo de viabilidade econômica. Não se pode esquecer que o profissional de Engenharia Química tem de reportar, por comunicação oral e escrita, todas as etapas do seu trabalho, com método e de forma clara e objetiva, pois ele mantém contato contínuo com diversos profissionais que não são engenheiros.

Nota-se que a pesquisa sobre a purificação do Paclitaxel envolve diversas áreas do conhecimento, conforme indica o Quadro 3.1, mostrando que o binóculo deve ser recolhido e com urgência.

Quadro 3.1   Exemplos associados a diversas áreas do conhecimento humano envolvidas na purificação do Paclitaxel.

Áreas do conhecimento	Exemplos
Ciências Humanas	1) Dilema ético entre o combate ao câncer e a desertificação (Ética). 2) Comunicação oral e escrita das etapas de pesquisa do projeto (Comunicação e Expressão).
Ciências Biológicas	1) O modo como o Paclitaxel inibe a divisão celular (Biologia). 2) Cultura de células vegetais (Microbiologia).
Química	1) Identificação da estrutura molecular do Paclitaxel (Química Orgânica). 2) Análise quantitativa e qualitativa dos produtos advindos das técnicas de separação e de purificação do Paclitaxel (Química Analítica).
Matemática	1) Representação matemática do fenômeno da adsorção. 2) Solução do modelo matemático proposto.
Ciências da Engenharia Química	1) Definição da isoterma de adsorção do Paclitaxel (Termodinâmica). 2) Explicação sobre o mecanismo de Transferência de Massa associado ao fenômeno da adsorção (Transferência de Massa).
Tecnologias da Engenharia Química	1) Separação do Paclitaxel de uma mistura multicomponente e de impurezas. 2) Purificação do Paclitaxel em mistura com compostos estruturalmente semelhantes a ele.
Gestão	1) Projeto técnico de equipamentos e de processos da obtenção do Taxol® (Gestão Tecnológica). 2) Estudo de viabilidade financeira e de parcerias (Gestão Organizacional).

CONHECIMENTOS ESSENCIAIS À ENGENHARIA QUÍMICA

Como pode ser observado no exemplo apresentado e resumido no Quadro 3.1, assim como no Capítulo 2 (veja os Quadros 2.1 a 2.8), a Engenharia Química abrange amplo espectro de conhecimento. A escolha da profissão não pode ser pautada tão somente em gostar ou não de algo, mas em ter clareza do que se quer para o futuro. Hoje não sobrevive o forte ou o fraco, mas o flexível. Aliás, a capacidade de se adaptar às mudanças e situações é indicativo de inteligência. Mas o que permite esta flexibilidade e mesmo a abrangência de atuação do engenheiro químico? A resposta está associada à formação do profissional de Engenharia Química, alicerçada, por sua vez, nos conhecimentos que a caracterizam. Tais conhecimentos podem ser divididos, para efeito de entendimento, em Ciências Básicas, Ciências e Tecnologias da Engenharia Química, Gestão Tecnológica e Organizacional, conforme esquematizado na Figura 3.1.

A importância do conhecimento das Ciências Básicas, assim como das Ciências da Engenharia Química, reside no fato de estimular o futuro profissional a conhecer e entender fenômenos físicos, químicos e biológicos, e mesmo aqueles relacionados à natureza humana, por meio da compreensão de mecanismos que lhe dão condições para ver o mundo de modo sistêmico. Já o aprendizado dos conceitos inerentes às Tecnologias da Engenharia Química possibilita ao aluno a aplicação de seu aprendizado científico à técnica de engenharia, como, por exemplo, o dimensionamento de equipamentos.

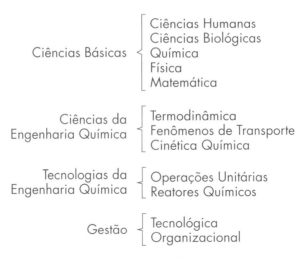

Figura 3.1 Conhecimentos essenciais à formação do engenheiro químico.

Diante da necessidade de pôr os seus conhecimentos, oriundos tanto das ciências quanto das tecnologias, a serviço da sociedade, entendendo-a de modo global, os quais atingem todo o público que afeta e são afetados pela atuação do engenheiro químico *(stakeholders*, veja a Figura 2.1), este profissional deverá ter a capacidade de contextualizá-los por meio de gestão, tanto tecnológica quanto organizacional. A formação do engenheiro químico está embasada, portanto, nos seus conhecimentos característicos e nas habilidades a ele desejadas (veja a Figura 1.1), para que compreenda a sua profissão e a responsabilidade que a cerca.

ESTRUTURA DE UM CURSO DE GRADUAÇÃO DE ENGENHARIA QUÍMICA

O Conselho Nacional de Educação, por meio da Câmara de Educação Superior (CES), estabeleceu as *Diretrizes Curriculares Nacionais do Curso de Graduação em Engenharia* por meio da Resolução CNE/CES 11/2002 (BRASIL, 2002). Para balizar e homogeneizar os cursos de graduação de Engenharia em todo o território nacional, o Art. 6° dessa resolução menciona que todo curso de Engenharia, independentemente da sua modalidade, deve possuir em seu currículo um núcleo de conteúdos básicos, um núcleo de conteúdos profissionalizantes e um núcleo de conteúdos específicos que caracterizem a modalidade.

O núcleo de conteúdos básicos versa sobre os tópicos que estão apresentados na primeira coluna do Quadro 3.2. Saliente-se que nos conteúdos de física, química e informática, é obrigatória a existência de atividades de laboratório. Já o núcleo de conteúdos profissionalizantes versa sobre um subconjunto coerente dos tópicos, como os sugeridos na segunda coluna do Quadro 3.2, para o caso da Engenharia Química. O núcleo de conteúdos específicos se constitui em extensões e aprofundamentos dos conteúdos do núcleo de conteúdos profissionalizantes, bem como de outros conteúdos destinados a caracterizar modalidades. Esses conteúdos constituem-se em conhecimentos científicos, tecnológicos e instrumentais necessários para a definição, por exemplo, da modalidade Engenharia Química.

Quadro 3.2 Tópicos característicos à modalidade de Engenharia Química.

Núcleo de conteúdos básicos	Núcleo de conteúdos profissionalizantes (sugestão do autor)
Metodologia científica e tecnológica; Comunicação e expressão; Informática; Expressão gráfica; Matemática; Física; Fenômenos de transporte; Mecânica dos sólidos; Eletricidade aplicada; Química; Ciência e tecnologia dos materiais; Administração; Economia; Ciências do ambiente; Humanidades, Ciências sociais e cidadania.	Bioquímica; Controle de Sistemas Dinâmicos; Engenharia do Produto; Ergonomia e Segurança do Trabalho; Físico-química; Gestão Ambiental; Instrumentação; Matemática Discreta; Métodos Numéricos; Microbiologia; Modelagem, Análise e Simulação de Sistemas; Operações Unitárias; Processos Químicos e Bioquímicos; Qualidade; Química Analítica; Química Orgânica; Reatores Químicos e Bioquímicos; Termodinâmica Aplicada.

Há de se notar que os tópicos característicos do curso de Engenharia Química (Quadro 3.2) contemplam aqueles conhecimentos expostos na Figura 3.1.

Tais conhecimentos, por sua vez, são oferecidos aos alunos ao longo do seu processo de formação, o qual pode ser estruturado no organograma presente na Figura 3.2.

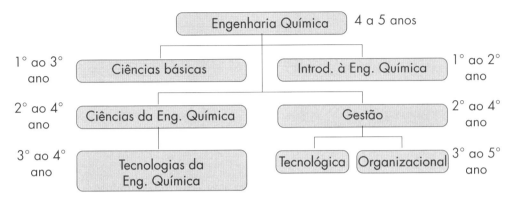

Figura 3.2 Organograma de um curso de graduação de Engenharia Química.

Na Figura 3.2 há um cronograma que estabelece, em média, o tempo de duração referente à formação do engenheiro químico em escolas brasileiras. A maioria dos cursos de Engenharia Química no Brasil forma, em média, seus alunos em cinco anos, contudo existe a possibilidade de o estudante concluir o curso em quatro anos. Cada célula do organograma é constituída por tópicos ou por uma ou mais disciplinas, como aquelas apresentadas no Apêndice B. Obedecida a Resolução CNE/CES 11/2002 (BRASIL, 2002), cada Instituição de Ensino Superior (IES) pode definir o seu elenco de disciplinas e respectivas ementas de acordo com as suas características e necessidades, assim como a disposição temporal de tais disciplinas. É importante que se escreva que os Quadros B.1 a B.10, presentes no Apêndice B, estão assim postos apenas para exemplificar as características de um curso de graduação em Engenharia Química no Brasil.

AS CIÊNCIAS BÁSICAS

A Figura 3.3 apresenta as Ciências Básicas relativas à formação do engenheiro químico. No caso das Ciências Humanas, encontram-se, nas IES brasileiras que oferecem o curso de Engenharia Química, disciplinas relacionadas, por exemplo, a Português, Filosofia, Ética, Ciências Sociais e Direito. No caso das Ciências Biológicas existem disciplinas relacionadas à Microbiologia, Bioquímica e Biotecnologia. Em se tratando de Química, há disciplinas relativas, por exemplo, à Química Inorgânica, Orgânica, Analítica e Físico-Química. Para o caso da Física, há disciplinas que versam sobre: Mecânica, Estática, Dinâmica, Cinemática, Eletricidade, Óptica. Na Matemática encontram-se, por exemplo: Cálculo, Geometria Analítica, Álgebra Linear, Estatística, Informática e Métodos Numéricos.

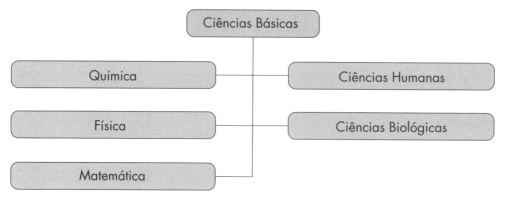

Figura 3.3 Ciências Básicas no curso de graduação de Engenharia Química.

Ressalte-se que Engenharia Química guarda – intrinsecamente – a confluência do conhecimento e da aplicação das Ciências Naturais, entendendo-as nos campos abrangentes da Química, Física, Matemática e Biologia. O conhecimento das Ciências Básicas é fundamental para a formação global do estudante, pois o coloca em contato com os mais variados tipos de conhecimentos e linguagens. Além disso, fornece suporte conceitual à compreensão de mecanismos essenciais às Ciências e às Tecnologias da Engenharia Química. O Quadro 3.1, por exemplo, ilustra como as Ciências Básicas podem estar presentes no cotidiano de um engenheiro químico.

FUNDAMENTOS DA ENGENHARIA QUÍMICA

As Ciências da Engenharia Química estão representadas na Figura 3.4, enquanto a descrição de suas ementas está no Apêndice B, Quadro B.7.

Figura 3.4 Ciências da Engenharia Química no curso de graduação de Engenharia Química.

A Termodinâmica trata das situações de equilíbrio de energia e/ou de estados da matéria, assim como das condições necessárias para que um determinado sistema deixe de estar em equilíbrio. As descrições dos fenômenos do não equilíbrio envolvendo transporte de energia e/ou de matéria são abordadas em disciplinas conhecidas como Fenômenos de Transporte. Em havendo produção ou consumo de matéria, aflora o estudo da Cinética (Bio)Química.

No caso dos Fenômenos de Transporte há três segmentos do conhecimento, por meio de disciplinas, que os caracterizam: Mecânica dos Fluidos (ou Transferência de Quantidade de Movimento), Transferência de Calor (ou de Energia) e Transferência de Massa (ou de Matéria). Tais disciplinas tratam, basicamente, do estudo de fenômenos e mecanismos de transporte em níveis molecular e macroscópico de transferência de quantidade de movimento, de calor (ou de energia) e de massa (ou de matéria).

As Ciências da Engenharia Química não são disciplinas estanques no sentido de abordar um tipo de Fenômeno de Transporte. Pode haver simultaneidade entre, por exemplo, Termodinâmica e os três Fenômenos de Transporte, como no caso, por exemplo, na secagem de grânulos de resina de PET (polietileno tereftalato), os quais darão origem às garrafas PET (veja a Figura 4.1), quando expostos à corrente aquecida de ar seco. Nesse caso, o ar fornecerá energia aos grânulos, aquecendo-os (Transferência de Calor). Haverá a migração da umidade dos grânulos até o ar seco, umedecendo-o (Transferência de Massa), cujo limite para umedecê-lo dependerá das condições da temperatura do ar, assim como da pressão de operação (Termodinâmica). A quantidade de umidade retirada da resina, por sua vez, estará condicionada, também, à velocidade do escoamento do ar (Transferência de Quantidade de Movimento). Outro exemplo que trata da ocorrência simultânea das Ciências que caracterizam a Engenharia Química é quando os Fenômenos de transporte dão-se com reação química, como é o caso da combustão em que pode haver, ao mesmo tempo, Fenômenos de Transferência de Energia e de Matéria associados à reação química.

Ao se estudar, por exemplo, os "locais" onde ocorrem as Ciências de Engenharia Química, como, por exemplo, secadores e combustores, bem como o dimensionamento de tais equipamentos, o seu projeto, o modo de operação, estará no universo das Tecnologias da Engenharia Química. Esse universo pode ser visitado por meio de disciplinas relativas a Reatores Químicos e Bioquímicos e à de Operações Unitárias, conforme ilustra a Figura 3.5, sendo a descrição de suas ementas apresentada no Quadro B.8, do Apêndice B.

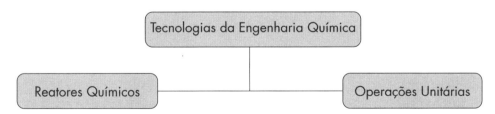

Figura 3.5 Tecnologias da Engenharia Química no curso de graduação de Engenharia Química.

A importância do conhecimento de determinada Ciência de Engenharia Química, como, por exemplo, Fenômenos de Transporte, é fundamental para o entendimento operacional de certa aplicação tecnológica (Operação Unitária). Os mecanismos de transferência de massa, como, por exemplo, a difusão de um soluto em uma matriz porosa, são úteis para a compreensão de certas Operações Unitárias, tais como adsorção e secagem. Essas Operações Unitárias, por sua vez, são encontradas nas indústrias de antibióticos e de resinas termoplásticas. As Operações Unitárias que têm como ciência predominante a Transferência de Massa são reconhecidas como "Operações de Transferência de Massa". As Operações Unitárias que possuem a Transferência de Calor como ciência base, são reconhecidas como "Operações Energéticas". Já as Operações Unitárias governadas preferencialmente por mecanismos físicos e pela Mecânica dos Fluidos são tratadas como "Operações em Sistemas Particulados e Fluidomecânicos". No Quadro 3.3, encontram-se alguns exemplos sobre as relações entre as Operações Unitárias e os seus respectivos Fenômenos de Transporte, assim como onde estão presentes na fabricação de produtos característicos da Indústria Química e correlata.

As Ciências e as Tecnologias da Engenharia Química constituem-se nos Fundamentos da Engenharia Química, ilustrados na Figura 3.6. Pelo exposto, as Ciências da Engenharia Química estabelecem os princípios necessários à compreensão de fenômenos inerentes à transformação da matéria e/ou energia, possibilitando a sua aplicação técnica, a qual, por sua vez, configura as Tecnologias da Engenharia Química. Há de se notar, portanto, que o engenheiro químico com sólida formação científica e tecnológica acaba sendo, naturalmente, lançado a cargos de gestão nas organizações.

Figura 3.6   Fundamentos de Engenharia Química.

GESTÃO

Ao se observar a Figura 3.2, verifica-se a existência de uma área, a qual denominamos Gestão, envolvendo as Gestões Tecnológica e Organizacional, cujas disciplinas ou tópicos que as caracterizam estão presentes nos Quadros B.9 e B.10 (veja o Apêndice B), respectivamente.

A Formação do Engenheiro Químico

Quadro 3.3 Fenômenos de transporte e operações unitárias.

Fenômenos de transporte	Operações unitárias	Tipo	Descrição	Encontrado na fabricação de
Mecânica dos Fluidos	Sistemas Particulados e Fluidomecânicos	Centrifugação	Separação de líquidos utilizando-se a força centrífuga.	Fármacos / Resinas
		Ciclones	Separação de sólidos de tamanho distintos por meio da ação centrífuga.	Fertilizantes / Sabão
		Elutriação	Separação de partículas sólidas tendo como base a diferença de diâmetro e de densidade.	Fertilizantes / Extração de diamante
		Filtração	Separação de particulados por diferença no tamanho entre a partícula e os poros ou interstícios do meio filtrante.	Adesivos / Fibras artificiais
		Floculação	Remoção de material coloidal em suspensão após coagulação e aglomeração.	Inseticidas / Tratamento de água
		Flotação	Separação de sólidos por meio da suspensão de matéria para a superfície de um líquido, na forma de escuma e subsequente remoção.	Resinas / Tratamento de água
		Sedimentação	Processo de separação de particulados por meio da deposição de material.	Papel / Tinta
Transferência de Calor	Operações Energéticas	Aquecimento	Fornecimento de energia a um fluido ou sólido.	Adesivos / Fertilizantes
		Condensação	Retirada de energia de um vapor para provocar a sua mudança de fase, de modo, se necessário, a reaproveitar o condensado no processo ou permitir o seu tratamento enquanto coproduto.	Inseticidas / Derivados de petróleo
		Produção de vapor (Caldeiras)	Utilização de vapor para a geração de energia, como, por exemplo, elétrica.	Açúcar / Adubos
		Refrigeração	Retirada de energia de um líquido ou de um sólido para preservar as suas propriedades, por exemplo, físico-químicas.	Alimentos / Bebidas
		Resfriamento	Retirada de energia de um fluido ou de um sólido.	Fertilizantes / Resinas
		Trocador de calor	Processo simultâneo de aquecimento/resfriamento envolvendo correntes de fluido em determinado equipamento.	Açúcar / Petróleo / Bebidas
		Evaporação	Fornecimento de energia a um líquido para provocar a sua mudança de fase visando à concentração de determinado agente presente no líquido.	Antibiótico / Fibras artificiais

(continua)

Quadro 3.3 Fenômenos de transporte e operações unitárias (continuação).

Fenômenos de transporte	Operações unitárias	Tipo	Descrição	Encontrado na fabricação de
Transferência de Massa	Operações de Transferência de Massa	Absorção	Separação preferencial de molécula(s) presente(s) em uma mistura gasosa por meio da sua retenção em um líquido.	Ácido sulfúrico Fertilizantes
		Adsorção	Separação preferencial de molécula(s) presente(s) em um fluido (gás ou líquido) por meio da sua fixação em sólido adsorvente.	Fármacos Resinas
		Cristalização	Separação de um componente presente em uma solução por meio da sua dissolução em um solvente.	Açúcar Fármacos
		Destilação	Separação de líquidos por aquecimento, baseado na diferença de seus pontos de ebulição (ou de pressão de vapor).	Derivados de petróleo Tinta
		Extração líquido-líquido	Separação preferencial de um líquido em mistura com outro(s) por ação de um terceiro líquido.	Fármacos Derivados de Petróleo
		Secagem	Remoção de um solvente volátil contido no meio sólido por meio da ação do calor.	Adubos Papel
		Separação por membranas	Separação de moléculas de diferentes tamanhos utilizando-se uma barreira seletiva.	Aromas naturais Bebidas

A Gestão Tecnológica, Figura 3.7, relaciona-se aos conhecimentos técnicos e gerenciamento do processo produtivo nas áreas e campos de atuação do engenheiro químico. É onde se encontram disciplinas (ou tópicos) que visam, por exemplo, ao projeto de um determinado processo, para definir, entre outros, a forma física, o aspecto e a composição física e química de produtos, bem como as rotas ótimas no processo de transformação.

Figura 3.7 Características da Gestão Tecnológica.

Em se tratando de um processo químico, este pode ser entendido como as etapas de transformação que sofre uma (ou mais de uma) matéria-prima, visando à produção de um produto que atenda as necessidades dos *stakeholders* (veja a Figura 2.1). Shereve e Brink (1977) mencionam que, dentro da Indústria Química, há o processamento que tem por base a conversão química (ou reação), como na produção do etilenoglicol a partir do etileno, bem como no processamento baseado tão somente na *modificação física,* como é o caso da destilação para separar e purificar as frações de petróleo (px.: a obtenção da nafta).

Seja qual for a natureza da transformação (química e/ou física) da matéria-prima (veja a Figura 2.2), pode-se entender o processamento químico por meio de elementos industriais a ele relacionados. Dessa maneira, torna-se fundamental o conhecimento e beneficiamento (físico e/ou químico) da matéria-prima bruta para caracterizá-la, visando à determinação de propriedades físicas e/ou químicas por meio de ensaios de desempenho (Ciências Básicas). É importante conhecer o estado físico das matérias-primas bruta e beneficiada para verificar a necessidade de embalagem e mesmo de estocagem desse material. Depois de se processar as matérias-primas bruta e beneficiada por meio de Tecnologias da Engenharia Química, para as quais é essencial o conhecimento de mecanismos associados às Ciências da Engenharia Química, obtêm-se os produtos desejáveis ao mercado e aqueles que podem retornar ao processo. Essa descrição está ilustrada no fluxograma presente na Figura 3.8. Aqui, retoma-se a obra de Shereve e Brink (1977), na qual se encontra a definição de fluxograma como: uma sequência coordenada de conversões químicas e das Operações Unitárias, expondo, assim, os

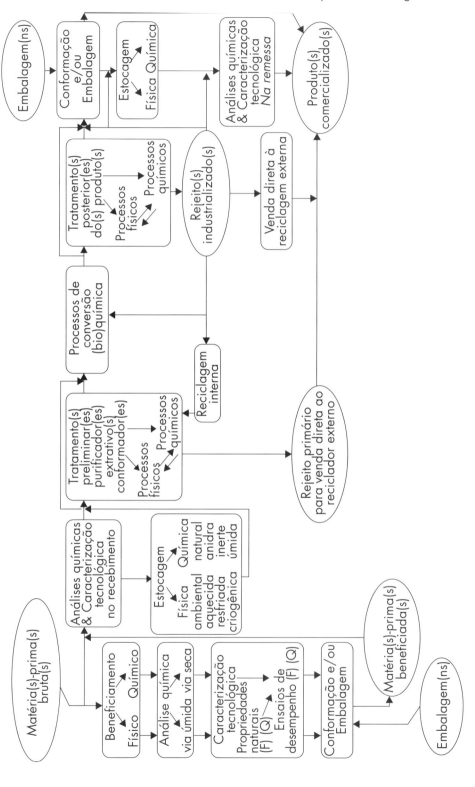

Figura 3.8 Elementos industriais de uma tecnologia química (ZAKON, 1993).

aspectos básicos do processo químico. Além disso, indica os pontos de entrada das matérias-primas e da energia necessária às etapas de transformação e também os pontos de remoção do produto e dos coprodutos.

A Gestão Organizacional (Figura 3.9), por sua vez, está associada ao gerenciamento da organização em si, envolvendo competências para tornar apto o futuro engenheiro químico a exercer funções básicas de administração, tais como planejamento, organização, direção e controle. Nesse caso, o futuro profissional poderá alcançar o controle adequado de um processo, assegurando a conclusão deste no prazo e no orçamento determinados, obtendo a qualidade estipulada ao objetivo pretendido (produto e/ou processo).

Figura 3.9 Características da Gestão Organizacional.

O profissional de Engenharia Química, dependendo da sua opção sobre áreas e campos de atuação (veja os Quadros 2.5 e 2.6), poderá deparar-se com processos de gestão em praticamente todos os níveis: desde a definição da localização da fábrica até disponibilizar os produtos no mercado, passando pelo desenvolvimento daqueles, assim como o gerenciamento de pessoas.

Seja qual for a situação, torna-se necessária a avaliação econômica do empreendimento, identificando, por exemplo, oportunidades e envolvendo estudos estratégicos de custos e benefícios sobre a localização, matéria-prima, mão de obra, mercado consumidor e distribuição do produto e/ou serviço.

Deve-se lembrar que o processamento químico está associado ao processo de produção de riscos. Demajorovic (2003) ressalta que uma das principais consequências do desenvolvimento científico industrial é a exposição da humanidade a riscos e inúmeras formas de contaminação jamais observadas. Sob essa óptica, não se pode perder de vista o impacto advindo de um determinado tipo de processamento. Assim, dentro de um determinado empreendimento nas atividades de um engenheiro químico, em especial no caso das Gestões Tecnológica e Organizacional, deve-se haver a constante preocupação com: prevenção de perdas; manuseio, transporte e armazenamento de produtos perigosos; planejamento para emergências; aspectos da poluição do meio ambiente causada pela indústria; o controle interno e externo de emissão de poluentes, entre outros aspectos. Aflora, portanto, a questão da Gestão Ambiental, a qual pode (e deve!) ser abordada durante a formação do engenheiro químico.

A QUESTÃO DA INTERDISCIPLINARIDADE DURANTE A FORMAÇÃO DO ENGENHEIRO QUÍMICO

É importante ressaltar que, normalmente, há disciplinas de cunho experimental direcionadas ao reforço da aprendizagem dos Fundamentos de Engenharia Química (Figura 3.6), além de serem previstos estágios na modalidade de Engenharia Química, de modo a pôr o estudante em contato, por exemplo, com processos produtivos característicos da sua futura profissão. Além disso, convém mencionar que determinadas disciplinas podem fundir-se, dando corpo a uma terceira disciplina. Como exemplo, pode-se citar a existência de uma disciplina denominada Fenômenos de Transporte que engloba os tópicos presentes em Mecânica dos Fluidos, Transferência de Calor e Transferência de Massa, conforme ementas descritas no Quadro B.7. O mesmo pode ser escrito a respeito de Processos Industriais como uma disciplina que abarca tópicos presentes em Processos Industriais Inorgânicos, Orgânicos e Biotecnológicos (Quadro B.9), sob o enfoque descritivo tendo como base, por exemplo, a Figura 3.8. Além disso, outras disciplinas, em vez de constituírem uma única, podem difundir-se em várias, complementando-as. Como é o caso de Direito, cujos tópicos podem ser vistos dentro daqueles presentes em uma disciplina de Projetos de Processos (Quadro B.9), no que diz respeito à Legislação Ambiental, assim como no caso de Segurança do Trabalho (Quadro B.10). A questão da Ética (Quadro B.1), por exemplo, não precisa – necessariamente – ser abordada como disciplina isolada, mas permeando disciplinas ao longo do curso, cuja aprendizagem deve vir pelo exercício constante.

CONCLUSÃO

É fundamental para o futuro engenheiro químico desenvolver a visão sistêmica, ou seja: a habilidade de compreender o processo como um todo, incluindo aspectos macroscópicos do processo produtivo (como o conhecimento de Reatores Químicos e de Operações Unitárias) e microscópicos (modelos termodinâmicos, cinéticos e fenomenológicos), além de desenvolver habilidade humana, que vem a ser, sob este aspecto, a sua capacidade de se relacionar eticamente com o público direta e indiretamente afetado por suas atividades.

O amálgama dos conhecimentos característicos de Engenharia Química permite-nos vê-la como formadora de profissionais na ilustração de uma árvore, apresentada na Figura 3.10. Apesar de não estarem representadas na figura, as raízes correspondem às Ciências Básicas (Figura 3.3), enquanto o tronco aos Fundamentos de Engenharia Química (Figura 3.6) e os galhos aos aspectos relativos a processos, projetos e gerenciais (Figuras 3.7 e 3.9). Note que os frutos dessa árvore não estão representados na Figura 3.10, mas são aqueles, por exemplo, contidos nos Quadros 2.3, 2.4 e 2.7. Além disso, neste exato momento você pode estar em contato com qualquer um desses frutos, basta observar à sua volta ou mesmo aquilo que está vestindo.

A Formação do Engenheiro Químico

Tal característica da Engenharia Química, além de tornar o aluno apto para atuar em um vasto campo de trabalho, como aqueles apontados no Quadro 2.4, e em diversas áreas de atuação (Quadro 2.6), possibilita ao seu profissional a interação e parceria com profissionais de outros ramos de Engenharia (Ambiental, de Alimentos, Mecânica), e de áreas que não sejam específicas de Engenharia como, por exemplo, Farmácia.

É importante que se mencione que a formação do profissional de Engenharia Química não é dosada exatamente em medidas iguais em cada Escola de Engenharia Química. Cada árvore guarda a sua característica, tal qual uma macieira é distinta de uma laranjeira. São árvores, porém a diferença mais evidente são as frutas que as caracterizam: maçã e laranja, respectivamente. E aqui retoma-se a ilustração da árvore, e cabe a pergunta: qual será o fruto da sua árvore? Trabalhar como engenheiro de processos em uma usina de açúcar e álcool ou como engenheiro de produto e de qualidade em uma indústria farmacêutica? Cada campo de trabalho e cada área de atuação guardam a sua característica, assim como constituintes de uma determinada fruta. Todavia, em todos e quaisquer campos e áreas haverá um componente majoritário que o caracteriza: você! Sim, você estudante e futuro profissional. Você deverá ser capaz tecnicamente e, sobretudo, de ser um cidadão – e esta é a maior Missão.

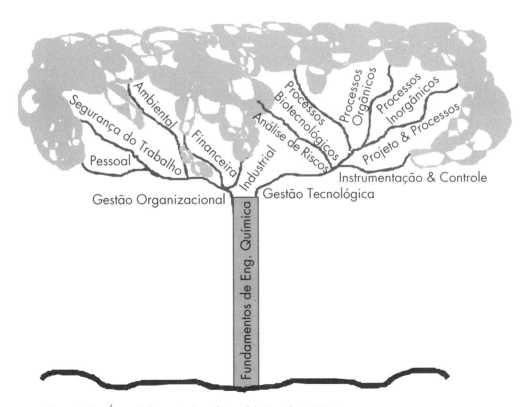

Figura 3.10 Árvore da formação do profissional de Engenharia Química.

BIBLIOGRAFIA CONSULTADA

BRASIL. Ministério da Educação. Conselho Nacional de Educação. Câmara de Educação Superior. Resolução CNE/CES 11/2002, de 11 de março de 2002. Institui diretrizes curriculares nacionais do curso de graduação em Engenharia. **Diário Oficial da União**, Brasília, DF, 9 abr. 2002. Seção 1, p. 32.

DEMAJOROVIC, J. **Sociedade de risco e responsabilidade socioambiental**. São Paulo: Editora Senac, 2003.

SHEREVE, R. N.; BRINK, J. A. **Indústrias de processos químicos.** 4. ed. Trad. Horácio Macedo. Rio de Janeiro: Guanabara, 1977.

ZAKON, A. A Engenharia Química e os novos materiais. In: ENCONTRO BRASILEIRO SOBRE ENGENHARIA QUÍMICA, 5. **Anais...** Itatiaia, 1993. p. 208-223.

CAPÍTULO 4

A INDÚSTRIA QUÍMICA

Um dos indicadores de desenvolvimento e de riqueza de um país é o seu grau de industrialização. Nesse sentido, como escreve Demajorovic (2003), a Indústria Química é um dos setores mais dinâmicos e vitais de qualquer economia industrializada. Isso é consequência da geração de seus produtos finais amplamente demandados por consumidores, como, por exemplo, aqueles apresentados no Quadro 2.3, assim como uma vasta lista de intermediários utilizados por outras indústrias em seus processos de produção, entre os quais aqueles utilizados como intermediários nas indústrias automobilística e eletrônica. A capacidade de inovar mais rapidamente do que os demais setores, oferecendo sempre novos produtos e modificando processos, permitiu notável crescimento à Indústria Química. Tecnologia, pesquisa e ciência fundidas em busca da produtividade encontraram no setor químico o terreno ideal para seu desenvolvimento. Não por acaso o setor é denominado indústria baseada na ciência (DEMAJOROVIC, 2003).

A indústria, de modo geral, pode ser entendida como um conjunto de atividades econômicas, visando à manipulação e a exploração de matérias-primas e fontes energéticas, bem como a transformação de produtos semiacabados em *bens de produção* (ou *de capital*, que são bens intermediários que servem para a produção de outros) ou *de consumo* (bens que atendem diretamente à demanda a médio ou a longo prazos).

A Indústria Química é, resumidamente, um tipo de *indústria de transformação* (Figura 2.2), cujas atividades consistem na transformação de matéria-prima em produtos intermediários ou que sofrem uma primeira transformação, neste caso tem-se a *indústria de base ou pesada* (por exemplo, a obtenção de óleos essenciais, dos quais advêm vários derivados). Quando tais transformações acarretam bens de consumo, tem-se a *indústria de consumo* ou *leve* (um exemplo é a indústria farmacêutica). Há também a *indústria de ponta*, que consiste em um setor ou empresa que finaliza um processo de fabricação em que se envolveram diversas outras indústrias. Normalmente, essas indústrias são do tipo leve (a química fina e a indústria de especialidades são exemplos típicos).

Podemos nos deparar com tais indústrias a partir da exploração do petróleo, onde o seu refino encontra-se no início da cadeia produtiva para diversos produtos, encerrando-se com os produtos característicos da química fina ou de especialidades. A partir da destilação do petróleo, é possível obter, por exemplo, a nafta e o GLP. Esses produtos fundamentam o setor petroquímico, pois a partir deles são obtidos compostos orgânicos, que são classificados como produtos de base ou de primeira geração, tais como as olefinas (por exemplo, etileno); intermediários ou de segunda geração (por exemplo, etilenoglicol); produtos finais ou de terceira geração (por exemplo, resinas PET) e, finalmente, a de transformação (garrafas PET). A Figura 4.1 ilustra, de modo bastante simplificado, as diversas categorias de produtos, oriundas da indústria petroquímica a partir da nafta.

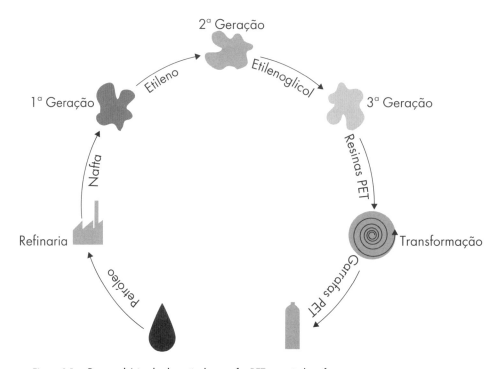

Figura 4.1   Processo básico da obtenção de garrafas PET a partir da nafta.

INDÚSTRIA QUÍMICA

Um dos grandes problemas em se conceituar Indústria Química está na definição do produto obtido como sendo "de química". No passado, o refino de petróleo não era considerado uma "categoria" da Indústria Química, tendo em vista que não há reações químicas no processo de transformação da matéria-prima, apesar da existência de segmentos tipicamente químicos a partir, por exemplo, da transformação da nafta conforme a apresentação na Figura 4.1. Como bem salientado por Wongtschowski (2002), o estudo da Indústria Química deve ser precedido por concreta definição de produtos ou de atividades que nela estejam incluídos. Assim, pode-se classificar a Indústria Química, para efeitos tributários e aduaneiros, a partir do produto; ou em função da sua atividade econômica, para possibilitar a coleta, disseminação e análises estatísticas econômicas.

No Brasil, a classificação de Indústria Química por produto é regida pela Nomenclatura Comum do Mercosul (NCM), seção VI, capítulos 28 a 38, que considera produtos das Indústrias Químicas ou conexas aqueles apresentados no Quadro 4.1.

Quadro 4.1 Classificação de Indústria Química no Brasil, por produto, de acordo com a NCM.

Adubos e fertilizantes	Produtos farmacêuticos
Extratos tanantes e tintoriais	Produtos químicos inorgânicos
Materiais albuminoides e colas	Produtos químicos orgânicos
Pólvoras e explosivos	Produtos diversos da Indústria Química, tais como: grafite, carvão ativado, colofônias, inseticidas, fungicidas, herbicidas, desinfetantes, ácidos graxos e outros
Produtos de perfumaria e preparações cosméticas	Sabões e agentes orgânicos de superfície e produtos de limpeza

O Instituto Brasileiro de Geografia e Estatística (IBGE), com o apoio da ABIQUIM (Associação Brasileira das Indústrias Químicas) e utilizando critérios aprovados pela ONU, definiu a Classificação Nacional de Atividades Econômicas (CNAE) e promoveu o enquadramento de todos os produtos químicos nessa classificação por atividades (Divisão 24). De acordo com essa classificação, consideram-se como da Indústria Química os segmentos mencionados no Quadro 4.2, válida a partir de janeiro de 2007. Esse quadro, à maneira do Quadro 2.5, indica possíveis campos de atuação para o engenheiro químico, permitindo-lhe, por exemplo, especializar-se em uma ou em várias atividades entre aquelas áreas apresentadas no Quadro 2.6.

Quadro 4.2 Segmentos da Indústria Química brasileira (ABIQUIM, s.d.).

Fabricação de produtos	Indústrias
Fabricação de produtos químicos inorgânicos	Cloro e álcalis; intermediários para fertilizantes; adubos e fertilizantes; gases industriais; produtos químicos inorgânicos não especificados anteriormente
Fabricação de produtos químicos orgânicos	Produtos petroquímicos básicos; intermediários para plastificantes, resinas e fibras; produtos químicos orgânicos não especificados anteriormente
Fabricação de resinas e elastômeros	Resinas termoplásticas; resinas termofixas; elastômeros
Fabricação de fibras artificiais e sintéticas	Fibras artificiais e sintéticas
Fabricação de defensivos agrícolas e desinfetantes domissanitários	Defensivos agrícolas; desinfestantes domissanitários
Fabricação de sabões, detergentes, produtos de limpeza, cosméticos, produtos de perfumaria e de higiene pessoal	Sabões e detergentes sintéticos; produtos de limpeza e polimento; cosméticos, produtos de perfumaria e de higiene pessoal
Fabricação de tintas, vernizes, esmaltes, lacas e produtos afins	Tintas, vernizes, esmaltes e lacas; tintas de impressão; impermeabilizantes, solventes e produtos afins
Fabricação de produtos e preparados químicos diversos	Adesivos e selantes; explosivos; aditivos de uso industrial; catalisadores; produtos químicos não especificados anteriormente
Fabricação de produtos farmoquímicos e farmacêuticos	Produtos farmoquímicos; medicamentos para uso humano; medicamentos para uso veterinário; preparações farmacêuticas

Os produtos químicos podem ser classificados, devido às suas características, em quatro grupos: *commodities*, *pseudocommodities*, produtos de química fina e especialidades químicas, conforme nos mostra o Quadro 4.3. Um produto é dito *diferenciado* quando for projetado para finalidades específicas do cliente. Contudo, as classes apresentadas nesse quadro não apresentam limites rígidos. Alguns compostos podem pertencer a uma ou outra classe em função da quantidade produzida. Como exemplo, pode-se citar os elastômeros. Quando esses compostos forem produzidos em larga escala, serão considerados *pseudocommodities*, caso contrário, pertencerão à classe das especialidades químicas.

CONCLUSÃO

Convive-se dia a dia com o resultado da Indústria Química, basta reportar-se às gôndolas dos supermercados. A transformação do petróleo permite obter combustíveis para automóveis, óleos lubrificantes. A partir das substâncias orgânicas obtidas durante a transformação de gases naturais, petróleo, hulha e outros, são fabricados corantes, compostos medicinais, álcoois, plásticos, fibras sintéticas, entre outros produtos. A partir do sal comum obtém-se o ácido clorídrico e o hidróxido de sódio e cloro, os quais, por sua vez, são utilizados na produção de alumínio, vidro, papel, tecidos de algodão e lã. Produtos valiosos são produzidos

A Indústria Química **55**

por transformação química da madeira, entre eles estão o papel, carvão ativado, ácido acético, álcool etílico e acetona.

É importante ressaltar que todas as grandes economias do mundo possuem Indústria Química forte, como, por exemplo, a China, os Estados Unidos, a Alemanha e o Japão, influenciando, inclusive, o destino da paz mundial. Não é difícil, portanto, perceber a importância do engenheiro químico nesse cenário, pois, devido à sua formação (veja o Capítulo 3), ele é um ator fundamental para o progresso e comprometimento de uma nação.

Quadro 4.3 Produtos Químicos (adaptado de WONGTSCHOWSKI, 2002).

	Commodities	*Pseudocommodities*	**Química fina**	**Especialidades**
Especificidade	Não diferenciado	Diferenciado	Diferenciado	Não diferenciado
Escala de produção	Larga escala	Larga escala	Pequena escala	Pequena escala
Clientes/ consumo	Relativamente poucos/grande quantidade	Poucos/grande quantidade	Poucos/pequena quantidade	Muitos/pequena quantidade
Preço: US$/kg	< 2	< 2	2 a 50	2 a 10
Interação técnica cliente- fabricante	Pouca interação	Grande interação	Pouca interação	Grande interação
Necessidade de capital	As indústrias são do tipo capital intensivo	As indústrias são do tipo capital intensivo	As indústrias não necessitam de grandes investimentos para a implantação de suas fábricas	As indústrias não necessitam de grandes investimentos para a implantação de suas fábricas
Uso final do produto	Elaboração de outros produtos e raramente são vendidos ao consumidor final	Elaboração de outros produtos e raramente são vendidos ao consumidor final	Podem ser vendidos a outras indústrias para posterior elaboração ou vendidos ao consumidor final	Podem ser vendidos a outras indústrias para posterior elaboração ou vendidos ao consumidor final
Exemplos	Amônia, eteno, ácido sulfúrico, metanol, gases industriais	Elastômeros, fibras artificiais, resinas termoplásticas	Aromatizantes, fármacos, sacarina	Catalisadores, enzimas, biocidas, antioxidantes, corantes, aditivos, espessantes

BIBLIOGRAFIA CONSULTADA

ABIQUIM – ASSOCIAÇÃO BRASILEIRA DA INDÚSTRIA QUÍMICA. **A indústria química:** conceito. São Paulo, [s.d.]. Disponível em: <www.abiquim.org.br/pdf/ind-Quimica/AIndustriaQuimica-Conceitos.pdf>. Acesso em: 28 nov. 2012.

DEMAJOROVIC, J. **Sociedade de risco e responsabilidade socioambiental.** São Paulo: Editora Senac, 2003.

WONGTSCHOWSKI, P. **Indústria química.** 2. ed. São Paulo: Blucher, 2002.

CAPÍTULO 5

A REVOLUÇÃO INDUSTRIAL

A tecnologia e, por consequência, a Engenharia têm os seus espaços na evolução do ser humano, pois devido às necessidades deste é que surgiram as invenções, descobertas de produtos e processos que revolucionaram e continuam revolucionando o mundo, conforme pode ser acompanhado por inspeção dos eventos e fatos contidos no Apêndice C. O ser tecnológico surgiu no instante em que tomou uma pedra e fez dela um instrumento para lascar, cortar, enfim, usá-la para garantir a sua sobrevivência. Da pedra lascada, os seres humanos passaram à pedra polida e daí para o cobre, o bronze e o ferro. Note que tais nomes, associados aos de elementos técnicos, nomeiam os períodos da Pré-História.

Como se vê, Benjamim Franklin tinha certa razão quando disse: "O homem é um animal que fabrica instrumentos". E, aqui, poderíamos escrever a partir de Franklin: o ser humano é um animal que fabrica instrumentos para transformar uma matéria-prima em um determinado produto para certa finalidade. Note que isso, de algum modo, lembra em muito a atividade básica de uma indústria, representada na Figura 2.2.

A Figura 2.2 ilustra, de maneira bastante simplificada, o que é singular nas diversas fases da história da indústria, as quais são: a fase do *artesanato*, a da *manufatura* e a *industrial* (ou mecanizada). A fase do artesanato está associada aos primórdios da civilização, em que se produzia em pequena escala para atender a pequenas populações (tribos). Nessa fase, o agente que transformava a matéria-prima era o artesão, que desempenhava todas as funções em um processo produtivo. Imagine, por exemplo, um sapateiro-artesão que, ele mesmo, prepare o couro, corte-o e o costure produzindo, desse modo, um calçado.

Já na fase da manufatura, começa existir certa complexidade no modo de produção (observando-a como transformação da matéria-prima), ampliando-a e diversificando-a, procurando atingir escalas e populações maiores do que as da fase do artesanato. A manufatura caracterizava-se como fabriquetas tipo fundo de quintal em que havia trabalhadores reunidos em um determinado local e a especialização do trabalho, em que cada trabalhador realizava uma atividade específica. No caso da produção de um calçado, por exemplo, um trabalhador preparava o couro; outro o cortava; um terceiro o costurava. Ensaiava-se uma linha de produção que viria a tomar corpo na fase industrial.

Na fase industrial, entendendo-a de modo mais abrangente do que o esquematizado na Figura 2.2, há a passagem do sistema doméstico para o de fábrica, a ponto de a máquina substituir o ser humano em boa parte do processo de transformação da matéria-prima em produto. A relação homem-máquina na terceira fase é intensificada até o limite em que o ser humano deixa de usar as mãos, como agentes de transformação (manufatura), para operar, dirigir, manobrar aparelhos com certo grau de complexidade (maquinofatura). A passagem da manufatura para a maquinofatura, associada à produção em série, em larga escala e destinada a um público desconhecido, caracteriza a Revolução Industrial.

A REVOLUÇÃO INDUSTRIAL

Durante a segunda metade do século XVIII, ocorreu na Inglaterra uma série de transformações no processo de produção, originando o que se convenciona denominar Revolução Industrial, que pode ser reconhecida como processos de transformação, culminando com a divisão da pequena produção da grande indústria moderna. Surgiu com a invenção, entre outras, do tear mecânico, o qual propiciou condições para o desenvolvimento da Indústria Têxtil e, com isso, incrementou o progresso na agricultura, pois aumentou, entre outros fatos, o consumo de algodão e, por via de consequência, o de fertilizante. O aumento da fabricação das máquinas acabou por exigir o desenvolvimento da Indústria Metalúrgica que, por sua vez, precisava de altos-fornos para movimentá-la, cujo aprimoramento veio com a utilização do coque como combustível. Outra invenção importante foi a máquina a vapor, que substituiu as fontes tradicionais de energia mecânica, como a roda de água, a roda de vento e a tração animal.

A tríade *tear mecânico, metalurgia* e *máquina a vapor* foram os setores determinantes para o início da Revolução Industrial (IGLÉSIAS, 1996), e se desenvolveu a ponto de alterar condições anteriores e impulsionarem um crescimento jamais visto na história da humanidade, afetando consideravelmente setores produtivos e permitindo, por exemplo, a passagem da sociedade rural para a sociedade industrial; a mecanização da indústria e da agricultura; o desenvolvimento

A Revolução Industrial

do sistema fabril; o desenvolvimento dos transportes e comunicações; a expansão da importância do capital com o consequente distanciamento entre ricos e pobres, empregados e patrões. Apesar de esses setores terem sido incrementados na segunda metade do século XVIII, o uso generalizado dos inventos deles decorrentes ocorreu no século XIX, caracterizando a primeira fase da Revolução Industrial, cujos fenômenos típicos são descritos na primeira coluna do Quadro 5.1.

Quadro 5.1 Alguns fenômenos característicos da Revolução Industrial.

1ª Fase: ~1740 a ~1850	2ª Fase: ~1850 a ~1945
Invenção do tear mecânico e do descaroçador de algodão e consequente desenvolvimento da Indústria Têxtil.	Aperfeiçoamento do dínamo e invenção do motor de combustão interna.
Invenção da máquina a vapor para, entre outras coisas, retirar a água acumulada nas minas de carvão, melhorando com isso o processo de exploração de carvão mineral.	Utilização de novas fontes de energia, como o petróleo e a energia elétrica.
Uso do coque para a fundição do ferro; a produção de lâminas de ferro e a produção do aço em larga escala.	Aperfeiçoamento na produção do aço, que superou o uso do ferro; bem como o emprego de metais, como alumínio e magnésio.
Progressos na agricultura, com a produção de fertilizantes, melhores grades e arados, invenção da debulhadora e da ceifadeira mecânica.	Introdução de máquinas automáticas, permitindo a produção em série e provocando grande aumento na produção.
Revolução nos transportes e nas comunicações, com a invenção da locomotiva, do navio a vapor e do telégrafo.	Nova evolução nos transportes, com a introdução das locomotivas e dos navios a óleo, invenção do automóvel, do avião, do telégrafo sem fio, do rádio e da televisão.

Não se pode ver a Revolução Industrial como algo estanque, inerte, encravado em um período histórico, mas sim como um movimento vivo de transformação tanto no setor produtivo quanto no científico e social. A industrialização, apesar de ter sido marcante na Grã-Bretanha, alastrou-se para outros países europeus, tais como França, Alemanha e Bélgica, além de transpor as fronteiras europeias e instalar-se nos Estados Unidos e Japão, ainda no século XIX.

O aperfeiçoamento de invenções características da primeira fase da Revolução Industrial; o uso de novas fontes de energia e de novos materiais em substituição ao carvão e ferro, respectivamente; a substituição da máquina a vapor; a evolução nos transportes como as invenções do automóvel e avião tomaram conta do setor produtivo (e outros) a partir da segunda metade do século XIX até o clímax da produção em massa ser substituída pela possibilidade da destruição em massa com o advento da bomba atômica já no século XX, caracterizando o que muitos denominam segunda fase da Revolução Industrial, como ilustra a segunda coluna do Quadro 5.1.

Os dois séculos presentes no Quadro 5.1 e relativos à Revolução Industrial são comparados de importância no desenvolvimento produtivo da humanidade à Revolução Agrícola, que se deu no Oriente Próximo e por volta do oitavo milênio a.C. Para se ter uma ideia dessa comparação, na Revolução Agrícola a espécie humana, em linhas gerais, deixou de ser nômade. A partir de então surgiram as primeiras concentrações de população caracterizando as protocidades. Dessa maneira, novas relações entre as pessoas foram estabelecidas, decorrentes, também, do comércio. No período considerado no Quadro 5.1, observa-se que o ser humano simplesmente virou o mundo de ponta-cabeça com a introdução do maquinismo, dando base para o advento de uma nova sociedade regida, agora e fortemente, pelo aspecto econômico advindo, sobretudo, da transformação em massa de matéria-prima. Uma decorrência imediata desse processo, entre outras, foi a urbanização, ou seja, o êxodo do campo para a cidade, acentuando a diferença entre ambos. Os habitantes das cidades, por sua vez, consumiram toda espécie de serviços e de produtos da própria indústria, o que colaborava para manter o setor em expansão.

A Revolução Industrial influenciou, também, o desenvolvimento da ciência moderna quando se vislumbrou a aplicação da ciência aos problemas da indústria. A partir da fundação da *École Polytechnique*, primeira grande escola científica do mundo moderno, começaram a surgir, principalmente na Alemanha no século XIX, escolas técnicas a ponto de formarem profissionais especializados e direcionados às atividades industriais, e cientistas predestinados a mudar o olhar da humanidade.

O QUE NOS ESPERA?

É uma tarefa quase impossível definir limites de espaço e de tempo na tecnologia, mesmo porque ela nasceu com o próprio ser humano quando se viu frágil e, em um processo histórico, foi capaz de se adaptar à natureza até chegar ao estágio de querer dominá-la, com o seu alto potencial de transformação. Contudo, o período da Revolução Industrial, se considerarmos que ela se originou por volta de 1750, corresponde apenas a quatro minutos na semana evolutiva do ser humano como "animal superior", conforme ilustra a Figura 5.1.

Figura 5.1 A semana evolutiva do ser humano (1 dia = 1×10^5 anos).

A Revolução Industrial

Durante esses minutos ocorreram 99% do desenvolvimento tecnológico conhecido no planeta. É importante salientar que, ao final da Segunda Guerra Mundial, período que encerra a segunda fase da Revolução Industrial, não existiam 80% dos bens utilizados no ano 2000. Estima-se, no século XX, que o conhecimento científico foi duplicado a cada 10 a 15 anos, sendo que as descobertas mais importantes foram duplicadas a cada 30 anos. A Figura 5.2 nos mostra que o acúmulo de conhecimentos, a partir da Revolução Industrial, ao longo do tempo tem se dado segundo uma curva exponencial (LONGO, 2012).

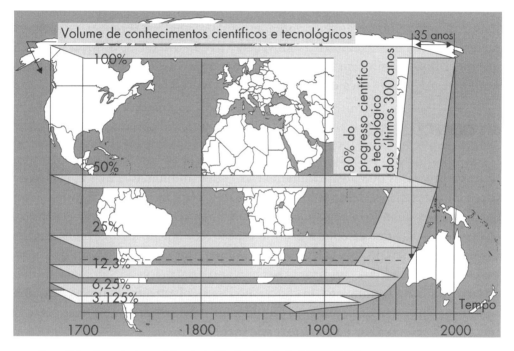

Figura 5.2 Curva de desenvolvimento da Ciência e Tecnologia (LONGO, 2012).

Caso procurarmos olhar para o futuro, a partir do começo deste milênio, pode-se prever que no final da década de 2020, a cultura material do ser humano será novamente renovada e mais de 50% dos produtos possíveis de serem utilizadas ainda serão criados, trazendo mudanças tecnológicas que dificilmente a população em geral terá condições para absorvê-las.

Espera-se, para o restante do século XXI, que se aumentem mais as indagações sobre o Universo. Para cada resposta encontrada, perguntas mais complexas deverão ser respondidas (LONGO, 2012), incrementando o analfabetismo tecnológico de nações que não se preocupam com a educação, inovação e desenvolvimento sustentável, por exemplo. A produção de bens tenderá a ser direcionada para imediatismo de seu consumo, ocasionando ciclos de vida curtos dos produtos em que os negócios surgirão e desaparecerão igualmente em intervalos temporais mais reduzidos. De acordo com Longo (2012), haverá "hiatos gerenciais" causados por novas possibilidades abertas pelo avanço científico-tecnológico e a incapacidade dos seres humanos e das instituições adaptarem-se, oportunamente, à nova realidade. E essa nova realidade exigirá habilitações, em particular, para o engenheiro químico que transcenderá a formação puramente técnica; será necessário que o profissional seja um ser universal, com conhecimentos genéricos e usualmente não encontrados na sua grade de formação, tais como: filosofia, história, geografia, literatura, línguas, ou seja, na multidisciplinaridade. E, nesse caso, a formação deverá ser focada no aprender a aprender, desaprender e reaprender. Despertar o interesse com ênfase na cultura da inovação e na capacidade de avançar no desconhecido. E aqui, como bem lembrado por Longo (2012), "vivemos em um mundo cambiante no qual a única certeza é a incerteza".

CONCLUSÃO

A preocupação para com o futuro não diz respeito à criação de novos produtos ou processos que nos permitam viver com tranquilidade, mas com o temor de repetir erros que podem ser fatais, como aquele em que a própria humanidade aterrorizou-se quando, na justificativa de acabar com uma guerra, ela mesma procurou dizimar de vez com a própria espécie, ao lançar uma bomba atômica. E o período de tempo que se estende da bomba atômica à conquista do espaço foi, em cruel trocadilho, um tiro. O ser humano presenciou a tecnologia atômica ser empregada no tratamento do câncer, no desenvolvimento de novas máquinas capazes de enxergar dentro do corpo humano e dentro de outras máquinas na intenção de perpetuar-se na sempre lei do menor esforço.

A lei do menor esforço? Depois da Idade da Pedra e dos Metais, tão característicos da nossa pré-história, atravessamos, em um piscar de olhos, a Idade do Plástico. O ser humano, a partir de então, mergulhou na criação de novos materiais, presentes desde utensílios mais comuns de nossa cozinha até o para-choque de automóveis controlados por computador. Curioso. O ser humano, desse modo, retorna ao barro. O que pensariam os nossos avós que utilizavam o barro para fazer um pote e nele guardavam alimentos ou as cinzas dos antepassados, se ouvissem falar de supercondutores? A cerâmica, até há poucos anos, esteve no nariz de ônibus espaciais. A mesma argila! Enquanto nossos avós deliciavam-se em apreciar estrelas, os netos as visitam. Pois é, o ser humano é um bicho danado, faz de tudo e ainda corre atrás do próprio rabo.

BIBLIOGRAFIA CONSULTADA

IGLÉSIAS, F. **A revolução industrial.** 11. ed. São Paulo: Brasiliense, 1996.

LONGO, W. P. **Alguns impactos sociais do desenvolvimento científico e tecnológico.** Niterói: UFF, 2012. Disponível em: <http://download.finep.gov.br/DebateFinep/Longo. pdf>. Acesso em: 10 ago. 2012.

ROCHA, A. A. Interação design-engenharia: um modelo de apoio ao ensino tecnológico. In: INTERTECH. **Anais...** Santos, 2002. CD-ROM.

CAPÍTULO 6

HISTÓRIA DA INDÚSTRIA QUÍMICA MUNDIAL

Desde quando a Química está presente na vida das pessoas? Vimos no capítulo anterior que a concepção de tecnologia nasceu junto com o uso de ferramentas como, por exemplo, a pedra lascada. Ao fecharmos os olhos, vêm-nos figuras rupestres desenhadas nas paredes das cavernas em 20 mil a.C. O ser humano, naquele período, fabricava tintas moendo materiais coloridos como plantas e argila em pó, misturando-os com água. Essa mesma arte, a pintura, foi legada à posteridade, até os egípcios, quando a desenvolveram nos idos de 1,5 mil a.C.; e, por volta de 1 mil a.C., descobriram os principais componentes dos vernizes atuais, usando resinas naturais ou cera de abelha. Esses mesmos egípcios descreveram os ingredientes e a produção de cerveja, além de conhecerem a alizarina, um corante vermelho utilizado para tingir as roupas com as quais as múmias eram embrulhadas. As primeiras tintas de escrever foram provavelmente inventadas pelos antigos egípcios e chineses. Manuscritos de cerca de 2 mil a.C. mostram que os chineses conheciam e utilizavam nanquim.

O uso do petróleo vem de longa data: os assírios descobriram betume elástico próximo ao rio Eufrates e usaram-no como material de vedação. Aliás, encontra-se paralelo dessa aplicação no Gênesis bíblico, basta acompanhar a saga de Noé, que usou do betume para vedar a sua arca contra a fúria das águas. Nos países árabes, onde hoje se concentra a maior produção de petróleo do mundo, esse mineral líquido foi usado na construção das pirâmides. Os antigos habitantes da América do Sul, como os incas, utilizavam o petróleo na pavimentação de suas estradas.

A humanidade vem utilizando adesivos por milênios. A cola animal é o tipo mais antigo de adesivo, sendo conhecida há mais de 3,3 mil anos. Os egípcios usavam-na para colar papiros. Os arqueiros mongóis usavam adesivos provavelmente feitos de peles, cascos e ossos e até sangue de cavalo para fazer seus arcos de madeira. Já os chineses usavam argamassa nos seus trabalhos estruturais e cola de animais na decoração de seus prédios.

As primeiras evidências de material parecido com o sabão, registradas na história, datam de aproximadamente 2,8 mil a.C., sendo encontradas durante escavações da antiga Babilônia. De acordo com antiga lenda romana o nome "sabão" teve origem no Monte Sapo, onde sacrifícios de animais eram realizados. A chuva levava a mistura de sebo animal derretido com cinzas para as margens do rio Tigre. As mulheres descobriram que, usando essa mistura de barro, suas roupas ficavam mais limpas com menos esforço. Os gregos, em 400 a.C., propuseram regras de higiene com base em cosméticos. Não se pode esquecer dos árabes, que, na Era Cristã, desenvolveram a destilação a vapor de óleos voláteis na busca de poções medicinais, descobrindo que as flores fervidas com água em um alambique deixavam parte de sua fragrância no destilado: o perfume!

O Apêndice C apresenta uma lista razoável de eventos e fatos relacionados tanto ao desenvolvimento da tecnologia quando ao da Química até o final do século XX. Como pode ser observado, assim como da leitura do Capítulo 5, a História da Química é acompanhada pela da Tecnologia, sendo parte essencial da Revolução Industrial, apresentada no capítulo anterior, do qual resgatamos três setores determinantes para o seu início: a metalurgia, o tear mecânico e a máquina a vapor (IGLÉSIAS, 1996).

O uso do coque para a fundição do ferro, a produção de lâminas de ferro e a produção do aço em larga escala permitiram a construção de máquinas, e destas, por exemplo, a geração de mais energia na forma de vapor. O emprego do vapor na segunda fase da Revolução Industrial teve grande impacto no desenvolvimento da Indústria Química moderna, em uma sucessão de fatos, como o emprego do vapor nos teares, navios e trens, o que ocasionou a ida de lã da Austrália e do algodão da América em grande quantidade à Europa, em particular à Inglaterra. Isso, inclusive, permitiu progressos na agricultura, com a produção de adubos, lançando base para a formulação dos primeiros fertilizantes. Como resultado, o aumento da produção levou teares a vapor a produzirem mais e mais tecidos, os quais até a metade do século XIX eram tingidos por meio de corantes vegetais.

O NASCIMENTO DA INDÚSTRIA QUÍMICA MODERNA

Na busca da síntese do quinino, um antimalárico, a partir da toluidina (derivada do alcatrão da hulha), o inglês William Perkin, em 1856, obteve uma borra marrom-avermelhada desinteressante. Perkin, então, partiu para a anilina como matéria-prima (que tinha traços de toluidina) e, como resultado, obteve sólidos aparentemente sem qualquer utilidade. Ao lavar o frasco que continha tais sólidos, Perkin percebeu que a coloração do líquido utilizado tornara-se roxo vivaz. Havia-se descoberto o primeiro corante sintético: a malva. Perkin patenteou o seu corante sintético e abriu uma fábrica com grande aceitação popular. Há de se notar que a contribuição de Perkin foi a produção em grande escala de um produto químico sintético associado ao mercado. Em menos de um ano, ele desenvolveu a síntese comercial da alizarina a partir do antraceno do alcatrão da hulha e, em 1871, a fábrica de Perkin produzia 220 toneladas por ano. O "pai da Indústria Química moderna", aos 36 anos e rico, vendeu sua fábrica sem, contudo, esquecer o alcatrão da hulha, a partir do qual conseguiu sintetizar a cumarina: um perfume!

A INDÚSTRIA QUÍMICA ALEMÃ

Apesar de Perkin ter tido a sua fábrica na Inglaterra, foi na Alemanha que aconteceu o *boom* da indústria de corantes, principalmente com os estudos iniciados pela Bayer a respeito do índigo. Cabe ressaltar que as grandes Indústrias Químicas alemãs, Hoescht (1863), Bayer (1863), Basf (1867) e Agfa (1867), nasceram graças aos corantes. A passagem da química de corantes sintéticos, segundo Wongtschowski (2002), para a química farmacêutica, produtos químicos para fotografia, aditivos para a indústria de borracha, polímeros, acabou sendo um processo natural. Nesse sentido, pode-se citar os produtos descobertos em laboratórios que acabaram sendo produzidos em escala comercial, tais como a aspirina, desenvolvida pela Bayer em 1897; o índigo sintético, produzido pela Basf também em 1897; e esta mesma empresa desenvolveu, em 1898, o processo catalítico da produção do ácido sulfúrico.

A Alemanha até a Segunda Guerra Mundial foi a grande potência industrial no setor químico. Nas décadas que antecederam o final desse conflito (1945), foi nesse país que se desenvolveu, entre outros processos, a revolucionária síntese direta da amônia por Fritz Haber em 1910, sendo que a produção em escala industrial desse produto químico ocorreu em 1913, pelo processo Harber-Bosh. Devido à sua descoberta, Fritz Haber recebeu o Prêmio Nobel da Química em 1918 e Carl Bosh, em 1931, por sua contribuição no projeto e execução de reações catalíticas em altas pressões.

A Primeira Guerra Mundial fez com que a Alemanha transformasse a sua desenvolvida indústria de corantes em outros segmentos, tais como indústria de materiais bélicos, farmacêuticos e borracha sintética. Em 1925, a Bayer, a Basf e a Hoescht, entre outras empresas, formaram uma sociedade que ficou conhecida como IG Farben, que acabou sendo responsável pela produção de diversos produtos sintéticos como o metanol a partir do coque, a gasolina a partir do carvão e as

68   Vale a pena estudar Engenharia Química

fibras de PVC (policloreto de vinila) a partir de cloreto de vinila. Após a Segunda Guerra, com a derrota alemã, os Estados Unidos fizeram com que a poderosa IG Farben desintegrasse e voltasse a ser como era, ou seja, dividiu-se na Bayer, Basf e Hoescht, além de os americanos, a partir de então, assumirem o posto de potência mundial no setor químico.

A INDÚSTRIA NORTE-AMERICANA DO PETRÓLEO

Pode-se considerar a década de 1850 como a do nascimento da indústria norte-americana do petróleo, a partir do momento em que George Bissel, imaginando que o petróleo pudesse ser convertido em querosene e este utilizado em lamparinas, procurou Benjamin Silliman, um professor de química e de geologia em Yale, que veio a confirmar a intuição de Bissel. Em 1853, o querosene foi destilado do petróleo e, dois anos depois, Silliman destilou, a partir do petróleo, o alcatrão, o naftaleno e vários solventes.

Dada a viabilidade da destilação do petróleo para a produção do querosene, Bissel e um colaborador inauguraram, em 1854, a primeira companhia de petróleo do mundo, a *Pennsylvania Rock Oil Company*, que não conseguiu sucesso, sendo desmantelada em 1858, quando o mesmo Bissel e associados fundaram a *Seneca Oil Company*. Esse grupo contratou um ex-maquinista de trem, Edwin Drake, para realizar a perfuração de um poço na busca do óleo, o que foi conseguido com sucesso em 1859, na Pennsylvania.

Por volta de 1860, já existiam quinze refinarias em operação nos Estados Unidos. Conhecidos como chaleiras de chá, os alambiques eram grandes panelas de ferro com um tubo longo que atuava como condensador. A capacidade desses alambiques era de um a cem barris por dia. Aquecidos por carvão, obtinham-se três frações de destilados. O primeiro a ebulir era a nafta, seguida do querosene e, finalmente, dos óleos pesados e alcatrão, que eram simplesmente retirados da base do equipamento. Esse processo permitia destilar cerca de 75% de querosene, o qual era bem aceito no mercado para iluminação, enquanto os produtos de base começavam a ser utilizados como lubrificantes e graxas, a ponto de em 1865 existirem 194 refinarias em operação. Ou seja, em cinco anos houve aumento de mais de dez vezes o número de refinarias em operação nos Estados Unidos.

Em 1870, John Rockefeller fundou a *Standard Oil Company*, vindo a controlar 10% da capacidade de refino de petróleo nos Estados Unidos e, em 1880, ele detinha 80% dessa capacidade, levando Rockfeller a ser considerado, na época, a pessoa mais rica do planeta. Em 1911, a *Standard Oil* foi dividida em várias empresas por decisão da Suprema Corte Americana, sendo transformada na então *Standard Oil of New Jersey*, hoje Exxon – que, depois de algum tempo, veio a dominar os processos de hidrogenação a alta pressão, permitindo o desenvolvimento de vários processos, entre eles: tratamento e estabilização de óleos lubrificantes por hidrogenação, a produção de álcool isopropílico a partir do propeno e a hidrogenação de di-isobuteno gerando o isooctano, um aditivo extremamente importante para aumentar o índice de octanagem da gasolina e, em particular, a de avião.

O interessante dessa história é que a *Standard Oil of New Jersey* conseguiu o domínio dos processos de hidrogenação a alta pressão, após comprar a licença do processo de hidrogenação a alta temperatura do carvão em pó da poderosa alemã IG Farben. A ironia dá-se com a vitória dos aliados na Segunda Guerra Mundial, tendo como grande trunfo a gasolina, a ponto de Winston Churchill mencionar: "Nunca, no campo dos conflitos humanos, tantos deveram a tão poucos". A vitória, além da competência dos pilotos dos caças, estava também creditada à superioridade do combustível utilizado pelos britânicos e americanos, o qual continha tolueno e outros hidrocarbonetos alifáticos, a despeito da superioridade do número e tecnologia mecânica dos aviões alemães.

A IDADE DO PLÁSTICO

A diminuição da manada de elefantes africanos fez com que um dos maiores fabricantes de bolas de bilhar nos Estados Unidos, no século XIX, oferecesse um prêmio para um substituto do marfim, utilizado, até então, como matéria-prima. Motivados, John e Isaiah Hyatt descobriram em 1863, por acaso, que o nitrato de celulose e cânfora, misturados com álcool e aquecidos sob pressão, produziam um plástico aparentemente apropriado para as bolas de bilhar. Contudo, a presença da cânfora deve ter modificado a natureza explosiva do nitrato de celulose, levando, ocasionalmente, à explosão das bolas de bilhar. Os irmãos Hyatt não ganharam o prêmio, mas patentearam em 1870 o seu plástico com o nome "celuloide". No final do século XIX, o celuloide era usado em colarinhos e punhos de camisas masculinas, além de serem utilizados em dentaduras, cabos de faca, dados e canetas-tinteiro.

O aparecimento da seda artificial deu-se nos laboratórios de Louis Pasteur, quando um de seus assistentes, Hilaire de Chardonnet, depois de aventar a possibilidade de existir um substituto para a seda natural, preparou, em 1884, um colódio a partir da pasta de folhas de amoreira dissolvida em éter e álcool. Os resultados foram filamentos a partir da fibra obtida, originando, dessa maneira, o "rayon". Contudo, o rayon de Chardonnet, como as bolas de bilhar dos irmãos Hyatt continham nitrato de celulose: eram, portanto, inflamáveis. Hoje em dia, dado o avanço das pesquisas em ciências de polímeros, têm-se os rayons de acetato e os de xantato. A Indústria Têxtil utiliza o termo para evitar confusão com o rayon de xantato. O rayon de xantato, ou simplesmente rayon (o que se encontra nas etiquetas), é quimicamente idêntico ao algodão.

Desde a descoberta do rayon, várias fibras sintéticas foram desenvolvidas, destacando a descoberta do nylon por Wallace Hume Carother. Este químico, na década de 1930, iniciou um programa de investigação científica para compreender a composição de polímeros naturais, como a celulose, a seda e a borracha natural, visando à produção de materiais sintéticos para a DuPont. Em 1931, Carother descobriu o cloropreno, levando a DuPont, em 1931, a fabricar a borracha sintética com o nome comercial neopreno. Em 1935, Carother desenvolveu o nylon (nome baseado nas iniciais de *New York* e *London*). A primeira aplicação comercial do nylon foi a fabricação de meias femininas que, ao serem colocadas à venda pela primeira vez em Nova York, foram vendidos 4 milhões de pares nas primeiras horas. Entretanto, a sua produção em grande escala destinou-se à fabricação de paraquedas, tendo em vista a Segunda Guerra Mundial.

O poliestireno foi disponibilizado para o consumo pela Dow Chemical em 1937, sendo utilizado para ser moldado em caixas de rádio, baterias e brinquedos. A espuma do poliestireno, o isopor, é utilizada para isolamentos em construções, recipiente de gelo e copos descartáveis. A descoberta do polietileno em 1933 é atribuída aos químicos britânicos da *Imperial Chemical Industrial* (ICI), a partir da reação do etileno e benzaldeído. O polietileno despertou a curiosidade da Companhia Britânica de Construção e Manutenção de Telégrafo, responsável pela produção de cabos de telégrafos e telefônicos subaquáticos, para utilizá-lo como material isolante. Em 1939, a ICI produziu material o suficiente para a construção de uma milha náutica de cabo subaquático. Depois da Segunda Guerra Mundial, o desenvolvimento do polietileno voltou-se para a fabricação de filmes, os quais são utilizados, por exemplo, na embalagem de produtos. Tais filmes são conhecidos como "polietileno ramificado de baixa densidade". Na tentativa de produzir o polietileno em pressões mais baixas, Karl Ziegler, em 1953, desenvolveu os catalisadores estéreo-reguladores, levando à produção de polietileno de alta massa molecular, alto ponto de fusão e geometria molecular linear, características do "polietileno linear de alta densidade". A sua aplicação foi imediata na confecção de copos e outros artigos de cozinha que não derretiam nas máquinas de lavar louça. O italiano Giulio Natta aplicou o catalisador de Ziegler na polimerização de propileno, obtendo o polipropileno. Ziegler e Natta dividiram o Nobel da Química em 1963.

A utilização em massa dos materiais sintéticos, sem dúvida, é uma característica marcante do século XX. Se a Pré-História é caracterizada por termos técnicos: Idade das Pedras, dos Metais; no final do século XX poder-se-ia dizer que se vivia na Idade do Plástico (ou na de materiais sintéticos), devido à sua aplicação no dia a dia e mesmo em situações que é difícil imaginarmos, como o caso do teflon.

O teflon, nome comercial do politetrafluoretileno, foi desenvolvido nos laboratórios da DuPont por Roy Plunket, em 1938. A característica básica do teflon é ser mais inerte do que a areia; não ser afetado por ácidos fortes, bases, calor ou qualquer solvente conhecido na época. A sua primeira aplicação ocorreu na Segunda Guerra Mundial como material para as juntas de vedação para resistir ao hexafluoreto de urânio, um dos materiais utilizados para produzir o urânio-235 para a bomba atômica. A DuPont produziu, em segredo, o teflon para esse objetivo. Somente a partir de 1960 é que apareceram as primeiras panelas cobertas por camada de teflon. Além dessa utilização, o teflon acabou sendo empregado na parte externa de roupas espaciais; nos narizes de naves espaciais para protegê-las do calor do Sol; matéria-prima para os tanques combustíveis dessas naves, além de material isolante dos fios e cabos elétricos que resistem à violenta radiação do Sol na Lua.

O teflon, como observado, pode ser encontrado em panelas, na bomba atômica e em naves espaciais; na Terra e fora dela. Isso lembra o início do filme *2001 – Uma odisseia no espaço*, de Stanley Kubrick, em que o nosso avô macaco lança um osso ao ar e este se transforma em uma nave espacial. Esta metáfora poderia ser muito bem representada pelo teflon.

A HERANÇA DA SEGUNDA GUERRA MUNDIAL

A Indústria Química, após a Segunda Guerra Mundial, ficou caracterizada, também, pelo da Indústria Petroquímica. Verificou-se a solidificação dos Estados Unidos como grande produtor, e o renascimento da Alemanha a partir da Indústria Petroquímica. É interessante observar que a Alemanha deixou o carvão como sua matéria-prima, trocando-o por petróleo, ocasionando o reinado dessa fonte de energia por todo o planeta. Os Estados Unidos, por sua vez, forneceram à Alemanha a tecnologia de novos processos petroquímicos por meio de empresas de engenharia, além de empresas alemãs, como a Bayer, terem-se associadas às britânicas, Bayer-BT.

Apesar de, junto da Alemanha e da Itália, ser um dos grandes derrotados na Segunda Guerra Mundial, o Japão, principalmente a partir da década de 1970, tornou-se um dos grandes produtores químicos, chegando a perder, em produção, apenas para os Estados Unidos e bem à frente da Alemanha. As características básicas da indústria japonesa são a sua eficiência operacional, diversificação de seus produtos, pertencer a grandes grupos financeiros, os quais não se especializam tão somente em produtos químicos, denominados *kigyo shudam*, como, por exemplo, o da Mitsubishi, que atua nas áreas química (petróleo, química, fibras, vidro), de alimentos, automobilística, aviação, de construção, eletrônica, finanças, imobiliária, seguros, transportes marítimos, entre outras (WONGTSCHOWSKI, 2002).

Wongtschowski (2002) relata que os últimos anos do século XX apresentaram profundas transformações na Indústria Química. Algumas empresas, como a Ciba-Geigy e Sandoz, abandonaram os produtos químicos para tornarem-se, primeiramente, especialistas em "ciências da vida", para, dali a pouco, serem indústrias farmacêuticas. Tais empresas, inclusive, trocaram de nome devido às fusões, como é o caso da Ciba-Geigy e Sandoz que se fundiram para se tornarem a Novartis, assim como o surgimento de novas empresas, tais como a Clariant e a Vantico. Por outro lado, nomes clássicos, como o da Union Carbide, desapareceram.

Wongtschowski (2002) aponta a globalização, a concentração, a especialização e a descentralização geográfica como os principais motivadores para as transformações ocorridas no final do século XX para a Indústria Química. De acordo com esse autor, a globalização é reflexo da mobilidade de capital, da revolução nas comunicações e da abertura generalizada. A concentração por sua vez, é o processo de criação de empresas de grande porte, que se beneficiam do poder de escala, como o caso da Novartis. A especialização como o próprio nome indica, diz respeito a empresas destinadas à produção de especialidades (veja o Quadro 4.3), como é o caso da DyStar, a qual concentra o negócio de corantes da Hoechst, da Bayer e da Basf. A descentralização geográfica está associada à instalação de empresas onde os insumos são excedentes, portanto mais baratos.

INÍCIO DO SÉCULO XXI

Na última década do século XX, a Indústria Química mundial era dominada por países envolvidos na Segunda Guerra Mundial, notadamente a Alemanha, o Japão e os Estados Unidos, conforme ilustra a Figura 6.1.

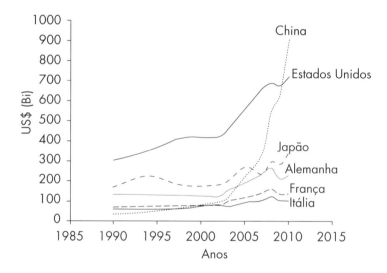

Figura 6.1 Faturamento líquido da Indústria Química mundial de 1990 a 2010.

Verifica-se, por inspeção da Figura 6.1, que os Estados Unidos eram os líderes, em termos de faturamento líquido, no setor químico até 2009, sendo ultrapassado pela China em 2010. Ressalte-se que a China ocupava, em 1990, a sétima posição neste setor, sendo que, na virada do século, cresceu de forma vertiginosa para, no final da primeira década do século XXI, assumir a liderança do setor com certa folga em relação aos demais países, conforme pode ser acompanhado pela leitura do Quadro 6.1.

História da Indústria Química Mundial

Quadro 6.1 Faturamento líquido da Indústria Química mundial em 2010 (baseado em FIGUEIREDO, 2012).

País	Faturamento (US$ bilhões)
China	903
Estados Unidos	720
Japão	338
Alemanha	229
Coreia do Sul	139
França	137
Brasil	130
Índia	125
Itália	105
Reino Unido	94

Exceto o Brasil e os Estados Unidos, nota-se – por inspeção do Quadro 6.1 – a predominância de países asiáticos e europeus no que se refere à Indústria Química, ao final da primeira década do século XXI. Tal predominância pode ser acompanha por meio da inspeção da Figura 6.2, a qual apresenta a porcentagem de importação e exportação de produtos químicos por região, em 2010. As regiões com maiores participações no comércio exterior eram União Europeia e Ásia (incluindo China e Japão). A União Europeia figurava como a líder do comércio mundial, exportando 44% e importando 37% dos produtos químicos mundiais no final da primeira década do século XXI. Também é nessa região que estão localizadas as indústrias químicas que apresentaram os maiores faturamentos no final da primeira década e início da segunda década do século XXI, conforme pode ser visto no Quadro 6.2.

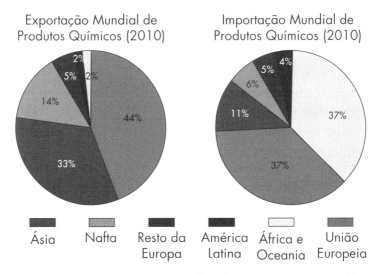

Figura 6.2 Porcentagem de importação e exportação de produtos químicos por região, em 2010 (baseado em CEFIC, 2011).

Quadro 6.2 Maiores indústrias químicas entre 2009 a 2012 (baseado em ICIS, 2012; TULLO, 2011).

Posição (2012)	Posição (2011)	Posição (2010)	Posição (2009)	Indústria	País	Faturamento em 2012 (US$ milhões)
1	1	1	1	Basf	Alemanha	95.245
2	4	3	3	Sinopec	China	65.752
3	3	4	5	ExxonMobil	EUA	64.731
4	2	2	2	Dow Chemical	EUA	59.985
5	5	9	11	LyondellBasell Industries	Holanda	51.035
6	6	7	9	SABIC	Arábia Saudita	50.636
7	7	5	8	Royal Dutch/Shell	Holanda	46.963
8	8	10	14	Mitsubishi Chemical	Japão	38.713
9	10	8	6	DuPont	EUA	37.961
10	9	11	-	Ineos Group Holdings	Suíça	27.529
21	15	22	37	Braskem	Brasil	17.813

Verifica-se, no Quadro 6.2, a presença de indústrias químicas tradicionais, tais como a Basf, DuPont, ExxonMobil, entre outras. Nota-se nesse quadro a presença da brasileira Braskem, que, em 2009, aparecia em 37ª para ocupar, em 2012, a 21ª posição. Todavia, o destaque maior nesse ranking é a chinesa Sinopec: retrato da posição da China como líder no mercado mundial no início da segunda década do século XXI.

Nota-se que a história recente da Indústria Química mundial é marcada, economicamente, pela presença chinesa. No final da década de 2000, a China apresentava-se como a segunda maior economia mundial, atrás dos Estados Unidos. Seu produto interno bruto (PIB) cresceu, em média, 9,5% ao ano, taxa muito superior se comparada com os demais países do planeta – no final da década 2000, o que teve forte impacto na sua Indústria Química e vice-versa.

São vários os fatores que fizeram com que a China ocupasse a liderança na Indústria Química mundial. O país apresenta boa localização geográfica, com portos que possibilitam o acesso a fornecedores vizinhos asiáticos também em crescimento, feito a Coreia do Sul, Cingapura, Tailândia, Malásia, além do Japão, possibilitando a expansão das exportações. A presença do Estado é bastante forte e contribuiu para o aceleramento da industrialização e processos que atendam a uma gama considerável de produtos, sem contar com a disponibilidade de mão de obra vasta e barata.

Destaca-se que no início do século XXI a China entrou na OMC (Organização Mundial do Comércio). Para tanto, esse país precisou cumprir diversas imposições da OMC, como fazer concessões aos parceiros comerciais, entre elas o rompimento de barreiras às exportações, possibilitando investimentos externos e redução tarifária (SULEIMAN, 2008). O crescimento econômico chinês é inquestionável e reflete a Indústria Química, entretanto trouxe inúmeras dúvidas relativas ao compromisso social efetivo para toda a população, além de acarretar sérios problemas quanto ao seu Desenvolvimento Sustentável, inclusive no que se refere aos passivos trabalhista e ambiental.

CONCLUSÃO

Uma das características da Revolução Industrial foi a produção em massa e, para tanto, três setores foram essenciais: a máquina a vapor, empregada em navios, trens que permitiram trazer matérias-primas oriundas da Austrália e da América a serem utilizadas na Europa, por exemplo, na produção de vestuário em larga escala; o próprio tear mecânico, impulsionado pela máquina a vapor, permitiu a passagem da manufatura para a maquinofatura, propiciando, dessa maneira, a produção em níveis até então jamais vistos; e, finalmente, a metalurgia, a qual, com uso do coque para a fundição de ferro em uma primeira fase da Revolução Industrial e a produção do aço, já na sua segunda fase, ampliou a construção de novos maquinários e aperfeiçoamento dos já existentes – como o tear mecânico, que, associado ao emprego do vapor, ocasionaram um ciclo formidável de transformações, permitindo o surgimento de indústrias de transformação mecânica e química. É dentro desse ciclo que nasceu a Indústria Química moderna: surge com a produção em massa de produto químico sintético, um corante que, associados a novas descobertas, progressivamente passam a substituir corantes vegetais até então empregados na indústria dos vestuários. A passagem da química de corantes sintéticos para outros produtos, como os fármacos, foi uma consequência da aplicação natural da ciência em tecnologia.

Se a Indústria Química Moderna nasceu na Alemanha, nos anos 1860, com o surgimento, entre outras empresas, da Bayer e da Basf; a indústria do petróleo tem o seu nascimento na década anterior, nos Estados Unidos, com a criação da *Pennsylvania Rock Oil Company*. A indústria do petróleo nesse país permitiu avanços consideráveis, agora no século XX, na indústria petroquímica, tais como a produção de álcool isopropílico e isooctano (aditivo para aumentar o índice de octanagem da gasolina e, em particular, a de avião).

A Alemanha dominou a Indústria Química até a Segunda Guerra Mundial, perdendo esse domínio para os Estados Unidos ao ser vencida em tal guerra no século XX. Ainda que, junto da Alemanha, o Japão seja um dos grandes derrotados na Segunda Guerra Mundial, este país tornou-se um dos grandes produtores químicos, chegando a perder, em produção, apenas para os Estados Unidos no final do século XX.

Estados Unidos, Alemanha e Japão dominaram a Indústria Química ao longo do século XX impulsionando o seu padrão econômico. Entretanto, o início do século XXI é marcado pelo surgimento da China como protagonista na história da Indústria Química, assumindo a liderança no setor, desbancando Estados Unidos, Alemanha e Japão. Utilizando-se de fatores motivadores, principalmente a globalização e a descentralização geográfica associada à mão de obra ampla e barata e com o compromisso de Desenvolvimento Sustentável que suscita apreensão na comunidade internacional, além da liderança do setor químico, dentro de uma ou duas décadas é de se esperar que a China assuma também a liderança econômica global.

Como observado neste capítulo, a história da Indústria Química está dentro do próprio contexto da história da humanidade. As guerras, revoluções tecnológicas, economia, entre outros fatores, alteram profundamente a dinâmica do setor químico. Mas uma coisa é certa, um país forte possui uma Indústria Química forte.

BIBLIOGRAFIA CONSULTADA

CEFIC – THE EUROPEAN CHEMICAL INDUSTRY COUNCIL. **World sales:** emerging economies outpace industrial countries in chemicals production. [S.l.], 2011. Disponível em: <www.cefic.org/Global/Facts-and-figures-images/Graphs%202011/ FF2011_OnePager_and_Graphs/5.GraphsText%205.pdf>. Acesso em: 17 set. 2012.

CHASSOT, A. **A ciência através dos tempos**. São Paulo: Moderna, 1994.

FIGUEIREDO, F. **As perspectivas futuras da Indústria Química**. São Paulo: ABIQUIM, 2012. Disponível em: <http://189.44.180.60/BNews3/images/Forum%202012/Fernando%20Figueiredo.pdf>. Acesso em: 9 jan. 2013.

ICIS. **ICIS Top 100 Chemical Companies**. London, 2012. Disponível em: <www.icis.com/assets/getasset.aspx-?ItemID=792559>. Acesso em: 10 out. 2012.

IGLÉSIAS, F. **A revolução industrial**.11. ed. São Paulo: Brasiliense, 1996.

ROBERT, R. M. **Descobertas acidentais em ciências**. 2. ed. Trad. André O. Mattos. Campinas: Papirus, 1995.

SULEIMAN, A. B. **O salto econômico da China**: crescimento e mudança. Monografia (Graduação em Ciências Econômicas) - Faculdade de Economia da Fundação Armando Álvares Penteado, São Paulo, 2008. 47p.

TULLO, A. H. Global Top 50: 2010/2009. **C&EN**, Washington, DC, v. 89, n. 30, p. 12-15, 2011. Disponível em: <http://pubs.acs.org/cen/coverstory/89/8930cover.html?featured=1>. Acesso em: 10 out. 2012.

_____. Global Top 50. **C&EN**, Washington, DC, v. 90, p. 15-18, July 2012. Disponível em: <http://cen.acs.org/content/dam/cen/static/pdfs/Article_Assets/90/09031-cover.pdf>. Acesso em: 10 out. 2012.

WONGTSCHOWSKI P. **Indústria Química**. 2. ed. São Paulo: Blucher, 2002.

CAPÍTULO 7

HISTÓRIA DA INDÚSTRIA QUÍMICA NO BRASIL

Ao considerarmos os primórdios do processo industrial em solo brasileiro, verificaremos que o Brasil nasceu atrelado à política de colonização econômica, visando à exploração de um corante presente na árvore do pau-brasil, sendo enviado a Portugal a partir de 1500-1530. Exemplo semelhante encontra-se na cana-de-açúcar, a qual, trazida pelos portugueses da Ilha da Madeira em 1502, adaptou-se ao solo e ao clima do Nordeste brasileiro. Já em 1520 havia sido instalado o primeiro engenho de açúcar, sendo este a primeira atividade de transformação de matéria-prima em um produto viável economicamente em nosso país.

A partir de fins do século XVI, o cultivo da cana-de-açúcar e a fabricação do açúcar tornaram-se as principais atividades econômicas no Brasil. Durante bastante tempo, o açúcar caracterizou-se por ser o produto mais importante de nossa exportação. Entretanto, somente o açúcar bruto era aqui produzido e exportado para a Europa e Estados Unidos, onde passava por operação de refino antes de ser distribuído aos consumidores. Nenhuma grande usina de açúcar existiu no Brasil antes do final do século XIX.

Como mostrado por Suzigan (2000), o investimento na indústria de transformação no Brasil foi bastante restrito até meados do século XIX, lembrando que, no mesmo período, a Europa experimentava a efervescência da Revolução Industrial. Em vez de acompanhar o ritmo do processo produtivo europeu, houve a sua proibição em nosso país, a partir de 1785, por D. Maria. Tal proibição foi revogada em 1808, ano da transferência do governo central português para o Brasil. Quando D. João VI chegou ao Brasil, aqui se produzia, além de açúcar e aguardente, sabão, potassa, barrilha, salitre, cloreto de amônio, cal, drogas medicinais e resinas vegetais. Todavia, os investimentos continuaram desestimulados por aqui, em virtude dos acordos comerciais assinados a partir de 1810 até 1844. Tais acordos foram realizados principalmente com a Inglaterra, para a qual eram feitas concessões tarifárias às importações provenientes daquele país. Além disso, o desempenho da economia agrícola exportadora baseava-se no trabalho escravo, representando sério desestímulo à diversificação da atividade econômica, retardando, inclusive, o desenvolvimento tecnológico do Império. Como exemplo de inércia tecnológica do país, associado ao regime de escravidão nos dois primeiros terços do século XIX, pode-se citar o processo rudimentar da obtenção do açúcar, para o qual eram usados moinhos primitivos, os banguês, que consistiam em uma moenda de cana movida a tração animal ou força hidráulica, uma fornalha e tachas.

AS ORIGENS: 1880-1940

Apesar da existência de algumas fábricas espalhadas pelo país, não se pode falar em industrialização no Brasil antes da Guerra do Paraguai (1865-1870), pois após esse conflito é que se encontram as primeiras tentativas de se modernizar a indústria brasileira em termos de mecanização. O exemplo clássico foi a instalação, em 1878, do engenho central da Companhia Açucareira de Porto Feliz, em São Paulo, que veio a modificar a concepção tecnológica no processamento do açúcar. O engenho estava equipado com maquinaria francesa, incluindo três moendas interligadas (que tinham a vantagem de aumentar a porcentagem de suco extraído da cana-de-açúcar e, também, de tornar o bagaço suficientemente seco para ser usado como combustível para caldeira), acionadas por um motor a vapor de 25 HP; evaporadores de efeito triplo; dois recipientes para cozimento a vácuo; turbinas centrífugas, movidas por dois motores independentes de 10 HP (SUZIGAN, 2000). O processo como um todo foi concebido de maneira que os engenhos centrais, equipados com máquinas modernas, especializar-se-iam na etapa industrial, comprando cana dos plantadores, os quais, por sua vez, se concentrariam apenas no cultivo da matéria-prima. Por outro lado, os resultados foram improdutivos e o sistema falhou inteiramente.

A gênese do capital industrial no Brasil ocorreu a partir da década de 1880. A partir de então é que se estabeleceram grandes fábricas de tecidos e outras indústrias começaram a se desenvolver, incluindo as usinas de açúcar, indústria de papel e celulose, moinhos de trigo, cervejaria, fábricas de fósforos e alguns ramos das indústrias de metalmecânicas (SUZIGAN, 2000). Ressalte-se, nessa época, o

História da Indústria Química no Brasil **79**

início da indústria brasileira de tintas, em 1886, com Paul Hering, em Blumenau – Santa Catarina (VANIN, 1994).

O início da década de 1890 foi caracterizado pelo Encilhamento, uma série de decretos baixada pelo então ministro da Fazenda do governo de Deodoro, Rui Barbosa, que provocou intensa especulação, seguida de grave crise no mercado. Esses eventos, como aponta Suzigan (2000), estavam relacionados com a adoção de uma reforma bancária que levou ao maciço aumento no estoque da moeda e à facilidade de crédito e com a introdução de normas mais liberais para a formação de sociedades anônimas. Contudo, a proposta de Rui era parte de uma política industrialista, visando diminuir a dependência do Brasil de produtos oriundos do mercado externo. Se, por um lado, o projeto industrialista de Rui gerou uma febre especulativa, provocando, inclusive, a sua queda do ministério; por outro, caracterizou-se por tentar romper com uma estrutura agrícola tradicional, herdada do Império, procurando o progresso por meio do desenvolvimento industrial. No período do Encilhamento, algumas das maiores empresas brasileiras foram fundadas (veja o Apêndice C).

A instalação, em São Paulo, da Fábrica de Productos Chimicos de Luís de Queiroz & C. em 1895, objetivando a produção de produtos químicos e farmacêuticos, pode ser considerada o marco inicial da produção em larga escala do setor químico brasileiro. Vanin (1994) menciona que, em 1903, essa fábrica produzia, diariamente, 700 kg de ácido sulfúrico pelo método das câmaras de chumbo. Produzia 3 mil quilos por mês de ácido muriático e nítrico, além de fornecer "bissulfito de cal" para o tratamento redutor (defecação) do caldo de cana das usinas de açúcar. Já em 1904, começou a fabricação de adubos químicos, até se tornar, na década de 1930, um dos maiores fabricantes de produtos químicos e farmacêuticos do Brasil.

Deu-se em 1905 a fundação do Moinho Santista, que, futuramente, ampliou a sua atuação na área industrial química com a instalação, em 1934, da Sanbra e da Tintas Coral, em 1936. Nas primeiras duas décadas do século XX começaram a ser instaladas algumas indústrias multinacionais, tais como a Bayer do Brasil (1911), de natureza alemã, e a Cia. Brasileira de Carbureto de Cálcio (1912), pertencente ao grupo belga Solvay. Em 1912, instalou-se a americana White-Martins e, em 1919, é fundada a Rhodia Brasileira, pertencente ao grupo francês Rhône-Poulenc.

A Primeira Guerra Mundial (1914-1918) estabeleceu outro marco no desenvolvimento industrial brasileiro. O governo brasileiro e os de alguns Estados da nação passaram a estimular, deliberadamente, o desenvolvimento de indústrias específicas, tais como a do aço, do carvão, da soda cáustica, de óleo de caroço de algodão. Durante a guerra, a escassez de matérias-primas e insumos básicos gerou a necessidade de incrementar a produção industrial interna para obter tais produtos. Apesar de estimulada durante a guerra, a diversificação industrial começou na década de 1920, a partir da qual os incentivos governamentais foram estendidos à produção de cimento, de papel, de produtos de borracha e de fertilizantes. Ainda nessa década foram fundadas diversas empresas, podendo-se citar: a Kodak Brasileira (1920), que fabricava artigos para fotografia; Esso Química (1921), fabricante de produtos derivados de petróleo; Hélios (1922), tintas de escrever; Merck (1923), produtos químicos e farmacêuticos; ICI do Brasil (1928), produtos químicos diversos; Industrial Irmãos Lever (1929), sabões e sabonetes. O período compreendido entre 1914 e 1930, segundo Suzigan (2000), caracterizou o desenvolvimento da indústria de transformação brasileira, o qual foi induzido pela expansão do setor agrícola exportador. Isso indica, claramente, a natureza de o país ser essencialmente agrícola, a ponto de sentir fortemente os efeitos da Grande Depressão nos Estados Unidos e da Crise do Café em 1929, esta ocasionada pela superprodução da rubiácea no Brasil.

Tendo em vista a crise econômica mundial no final da década de 1920 e início da de 1930, houve queda significativa nos investimentos na indústria de transformação. Somente duas indústrias fizeram aplicações substanciais durante a Depressão: as de cimento e de fios de rayon. A partir de 1933 houve aumento significativo do investimento na indústria de transformação, como foram os casos de borracha, de produtos químicos, farmacêutica e de perfumaria, podendo-se citar a instalação das seguintes indústrias: Cia. Nitro Química Brasileira (1935), que fabricava ácido sulfúrico, ácido nítrico; DuPont do Brasil (1937), produtos químicos diversos; e em 1939 destacam-se a fundação da Goodyear do Brasil e Firestone do Brasil, ambas destinadas à fabricação de pneus, câmaras de ar e artigos de borracha. O prof. Suzigan esclarece que o desenvolvimento industrial, ocorrido a partir da década de 1930, pode ser caracterizado como industrialização por substituição de importação. Motoyama et al. (1994) reforçam a afirmativa, pois, a partir da década de 1930, o padrão de acumulação de capital alterou-se no Brasil. A indústria tomou lugar central na dinâmica econômica, assumindo o lugar desempenhado pela agricultura.

A Figura 7.1, baseada nos dados levantados por Suzigan (2000), ilustra o comportamento da importação, por parte do Brasil, de maquinarias advindas da Grã-Bretanha, Estados Unidos, Alemanha e França utilizadas em atividades correlatas à da Indústria Química. Pode-se utilizar esse indicador para termos noção do desempenho das indústrias de transformação no Brasil, tendo em vista a falta de informação sobre importação destinada exclusivamente às atividades do setor químico. Entretanto, é visível a influência tanto do período relativo à Primeira Guerra Mundial (1914-1918) quanto à Crise do Café (1930-1932). No caso específico da produção em larga escala de produtos químicos pesados, como soda cáustica, ácidos comerciais e, em menor escala, fertilizantes químicos, corantes, esta só começaria a ter efeito nos finais das décadas de 1930 e 1940, e, em alguns casos, nem mesmo antes das décadas de 1950 e 1960.

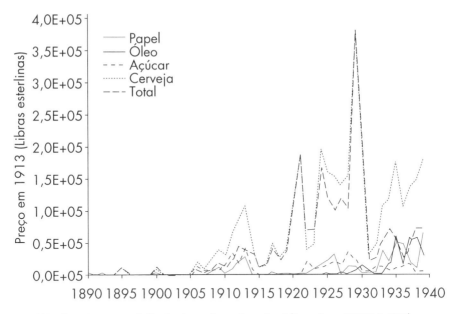

Figura 7.1 Investimentos nas indústrias de transformação no Brasil (baseado em SUZIGAN, 2000).

A INDÚSTRIA QUÍMICA BRASILEIRA DE 1940 A 1970

Na década de 1940, o Brasil continuou importando inúmeros produtos químicos, tais como soda cáustica, bicarbonato de sódio, vários sulfitos, hipossulfitos e hidrossulfitos, sulfatos de cobre e de alumínio, evidenciando o atraso da Indústria Química nacional. Somente depois da década de 1940 e 1950 é que a produção brasileira de produtos químicos industriais pesados (incluída a petroquímica), fertilizantes químicos e produtos farmacêuticos, iniciaria um processo de desenvolvimento mais intenso e diversificado (SUZIGAN, 2000). Saliente-se que, no período do Estado Novo (1937-1945), a industrialização e a busca da autossuficiência foram questões de soberania nacional, a ponto de em 1938 ser criado o Conselho Nacional de Petróleo (CNP), objetivando regulamentar todos os aspectos ligados à importação, prospecção, extração, exploração, refino, transporte, distribuição e comercialização do petróleo e de seus derivados. No ano seguinte, Getúlio Vargas afirmou: "Ferro, carvão e petróleo são os esteios da emancipação econômica de qualquer país", e no seu segundo governo será o ano da criação da Petrobras, em 1953. É interessante avaliar a profundidade da citação de Getúlio, pois nela estavam incluídas as duas grandes forças motrizes energéticas que iniciaram a moderna Indústria Química mundial: o carvão para a indústria alemã, e o petróleo para a norte-americana.

Ainda na década de 1950 foram instaladas importantes Indústrias Químicas no Brasil, cabendo citar: novas unidades da Rhodia, em 1951, para a produção de amônia e, em 1955, para a produção de ácido acético e acetatos; Carborundum

(1953), carbeto de silício (um abrasivo); Nitro Química (1955), ácido sulfúrico; Brasitex (1955), resinas acrílicas. É válida a menção de que o total acumulo de fábricas de produtos químicos de uso industrial que iniciaram as suas atividades até a década de 1940 foi de 64, ao passo que, na década de 1950, esse número aumentou para 144.

A década de 1960 apresentou grande impulso no setor químico brasileiro, representando 12,4% em relação a outros segmentos industriais (na década anterior era de 8,8%). O total acumulado de fábricas de produtos químicos de uso industrial que iniciaram as suas atividades até a década de 1960 foi de 269. Em 1965, constatava-se a produção de diversos produtos químicos em território nacional, como atesta o Quadro 7.1, inclusive começando a exportar produtos de natureza química. Um ano antes, 1964, deu-se a criação do Grupo Executivo da Indústria Química (Geiquim). A importância da sua criação reside no fato de este ser o primeiro instrumento de coordenação voltado especialmente para a Indústria Química. Nesse instrumento, cabe citar o Decreto 55.759 (BRASIL, 1965), que apresentava como metas:

- contribuir para fortalecer o empresário nacional e para a disseminação da propriedade do capital de empresas;
- contribuir para o aperfeiçoamento e disseminação da técnica, da pesquisa e da experimentação;
- contribuir para alterar as disparidades regionais do nível de desenvolvimento;
- ampliar unidades já existentes, melhorar a produção;
- dar preferência aos projetos que dispensassem ou exigissem menor grau de apoio governamental via financiamento, investimento ou garantia.

Quadro 7.1 Produtos químicos fabricados, importados e exportados pelo Brasil – ano-base 1965 (VANIN, 1994).

Produtos fabricados no Brasil	Produtos importados	Produtos exportados
Acetatos (de metila, etila, isopropila, butila, de vinila); acetona; ácidos (acético, clorídrico, esteárico, fórmico, láurico, nítrico, oxálico, sulfúrico); acrílico; álcool etílico; aminoplásticos; amônia; anidrido acético; carbeto de cálcio; carvão; clorato de potássio; cloro; cresol; estireno; éter fenílico; etileno; fenol; glicerina; metanol; peridrol (água oxigenada); poliestireno; poliésteres; silicato de sódio; sulfato de alumínio; sulfeto de carbono; derivados usuais da petroquímica; óleos vegetais e matérias graxas (para fazer sabão).	Acetato e cloreto de polivinila; ácido cítrico; anidrido ftálico; benzeno; carbonato e cloreto de cálcio; clorobenzeno; naftaleno; parafina; polietileno; resinas alquídicas e fenólicas; hidróxido e sulfato de sódio; tetracloreto de carbono; tolueno e xileno.	Álcool etílico; mentol; alguns antibióticos; vitamina B12.

A INDÚSTRIA QUÍMICA BRASILEIRA DE 1970 A 2000

A grande arrancada e consolidação da Indústria Química em nosso país, de acordo com Wongtschowski (2002), deu-se após a década de 1960. O evento mais marcante, segundo o autor, foi o estabelecimento dos três polos petroquímicos brasileiros: o de São Paulo em 1972, o do Nordeste em 1978 e o do Sul em 1982.

História da Indústria Química no Brasil

Em 1975, com a crise mundial do petróleo, o Brasil buscou fontes alternativas, criando o Programa Nacional do Álcool, o Proálcool. Esse programa não pegou de imediato, o que levou o governo brasileiro, em 1979, a criar o Conselho Nacional do Álcool (CNAL), que tinha por objetivo a substituição de 35% de petróleo importado. Apesar de o Proálcool ter surgido em caráter emergencial, acabou surpreendendo por ajustar-se muito bem à realidade brasileira, desenvolvendo, inclusive, tecnologia própria. Para se ter uma ideia, no final de 1987, 97% dos carros fabricados no país eram movidos a álcool (etanol). O final da década de 1970 foi marcada pela criação da Norquisa, importante indústria de química fina.

No início da década de 1980, dados do IBGE mostraram que os valores agregados pelas indústrias químicas (excluído o setor de plásticos) eram 2,37 vezes maiores do que aqueles das indústrias atuantes na área elétrica e de comunicação, e 8,94 vezes maiores do que os de produtos farmacêuticos (VANIN, 1994). Ao fim da década de 1980, a produção química brasileira abrangia cerca de trezentos produtos diferentes, distribuídos entre as seguintes categorias (VANIN, 1994): produtos inorgânicos, orgânicos básicos, termoplásticos, defensivos agrícolas, elastômeros, solventes, corantes e pigmentos orgânicos, produtos orgânicos diversos, fibras, detergentes, tensoativos, fertilizantes, plásticos diversos e plastificantes.

O início da década de 1990, principalmente com o governo Collor, foi prejudicial ao desenvolvimento do setor químico brasileiro. Esse governo, segundo Wongtschowski (2002), deflagrou alterações significativas no cenário econômico nacional visando, principalmente, aos processos de desestatização e de integração do Brasil à economia internacional. A Indústria Química foi afetada, de modo simultâneo, por:

- um processo recessivo;
- uma redução de proteção aduaneira e por remoção das barreiras não tarifárias às importações, inviabilizando a fabricação de inúmeros produtos químicos;
- uma redução dos preços no mercado internacional.

A Indústria Química brasileira, de modo crescente após 1990, passou a sofrer os mesmos desafios de viabilizar-se em um mercado cíclico (WONGTSCHOWSKI, 2002). Políticas internas associadas a pressões internacionais vieram a repercutir mesmo após o impeachment de Collor e ocasionar a desativação de diversas unidades químicas, entre as quais: Carbonor (1993), com a produção de ácido salicílico; Dow (1994), produção de ácido 2,4-D; Hoechst (1995), cloro e soda; Basf (1997), cloreto de etila; Bayer (1998), sais de cromo.

Na última década do século XX, constatou-se o aumento no faturamento líquido da Indústria Química brasileira (Figura 7.2). O Brasil não era o mesmo quando comparado com aquele do final da década de 1960, em que o país era, basicamente, um país exportador de matérias-primas e de produtos agrícolas, que alcançavam preços bem inferiores aos manufaturados e máquinas produzidos por nações plenamente industrializadas. Por outro lado, o Brasil apresentou déficit na balança comercial de US$ 1 bilhão em 1990, aumentando-o em sete vezes em 2000. Isso reflete, na última década do século XX, o aumento da demanda de produtos químicos em nosso país, sem que o setor químico pudesse supri-los.

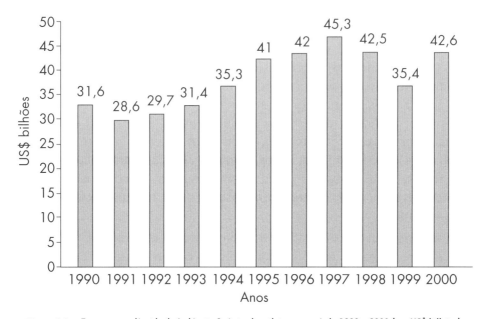

Figura 7.2   Faturamento líquido da Indústria Química brasileira no período 1990 a 2000 (em US$ bilhões).

A INDÚSTRIA QUÍMICA BRASILEIRA NO INÍCIO DO SÉCULO XXI

O século XX terminou com faturamento líquido cerca de 35% maior do que aquele presente em 1990. Ressalte-se que, em 2000, a Indústria Química brasileira, com um faturamento de US$ 42,6 bilhões, figurava entre os dez maiores fabricantes de produtos químicos do mundo, aumentando esse valor em mais de 200% no final da primeira década do século XXI, conforme aponta o Quadro 7.2. Ainda no final da década de 2000, o setor químico respondeu por 2,4% do Produto Interno Bruto (PIB) do Brasil, colocando-se (em dados de 2009) como a quarta maior participação do PIB industrial, conforme ilustra a Figura 7.3, e ocupando a 7ª posição no cenário mundial, com o faturamento de pouco mais de 130 bilhões de dólares.

História da Indústria Química no Brasil

Quadro 7.2 Faturamento líquido de segmentos da Indústria Química brasileira no período 1990 a 2010 (em US$ bilhões).

Segmentos	1990	1994	1996	1998	2000	2002	2006	2007	2008	2009	2010
Produtos químicos de uso industrial	19,0	19,2	19,9	18,5	22,8	19,4	45,4	55,1	61,2	46,2	63,8
Produtos farmacêuticos	2,5	4,7	7,2	7,6	5,6	5,2	11,9	14,6	17,1	15,4	19,9
Higiene pessoal, perf. e cosméticos	1,6	2,4	3,8	4,1	3,5	2,8	6,9	8,8	10,5	11,4	13,8
Adubos e fertilizantes	2,3	2,2	3,0	2,9	3,0	3,3	5,6	9,0	14,2	9,7	11,2
Sabões e detergentes[1]	2,0	2,0	2,8	3,1	2,3	2,1	4,6	5,5	6,3	6,1	7,7
Defensivos agrícolas	1,1	1,4	1,8	2,6	2,5	1,9	3,9	5,4	7,1	6,6	7,0
Tintas, esmaltes e vernizes	1,7	1,8	2,0	2,0	1,5	1,1	2,1	2,4	3,0	3,0	3,9
Fibras artificiais e sintéticas	0,9	1,1	1,0	1,1	0,8	n.d.	n.d.	1,1	1,1	1,0	1,0
Outros	0,5	0,5	0,5	0,6	0,6	1,5	2,2	1,6	1,7	1,5	1,8
TOTAL	31,6	35,3	42,0	42,5	42,6	37,3	82,6	103,5	122,2	100,9	130,1

[1] O faturamento de 1990 a 1994 foi estimado pela ABIQUIM em US$ 2 bilhões.

Fontes: ABIQUIM e associações dos segmentos.

A partir da análise do Quadro 7.2, verifica-se a predominância da produção de produtos químicos de uso industrial. A petroquímica foi o principal segmento da Indústria Química brasileira, com cerca de 65% do faturamento total de US$ 63,8 bilhões dos produtos químicos de uso industrial, em 2010, os quais representam, por seu turno, quase metade do faturamento total da Indústria Química brasileira. Assim, a petroquímica correspondeu a quase um terço do faturamento global da indústria (FERREIRA et al., 2012). Por outro lado, ao se fazer uma análise porcentual dos segmentos presentes no Quadro 7.2, verifica-se a tendência do aumento – no tempo – da contribuição de outos segmentos, notadamente o de produtos farmacêuticos e de higiene pessoal, perfumaria e cosméticos, conforme ilustra a Figura 7.4.

No final da década de 2000, o total de plantas de produtos químicos de uso industrial atingiu o número de 1.051, pouco mais do que o dobro daquele número encontrado quando da arrancada na Indústria Química brasileira (na década de 1970), conforme ilustra a Figura 7.5. É importante mencionar que, entre 1971 e 1980, a concentração de instalação dessas indústrias ocorreu, em particular, devido à criação dos polos petroquímicos de São Paulo e do Nordeste. A Figura 7.6 apresenta a distribuição das plantas de produtos químicos de uso industrial no território nacional, e a Figura 7.7 apresenta a mesma distribuição por regiões.

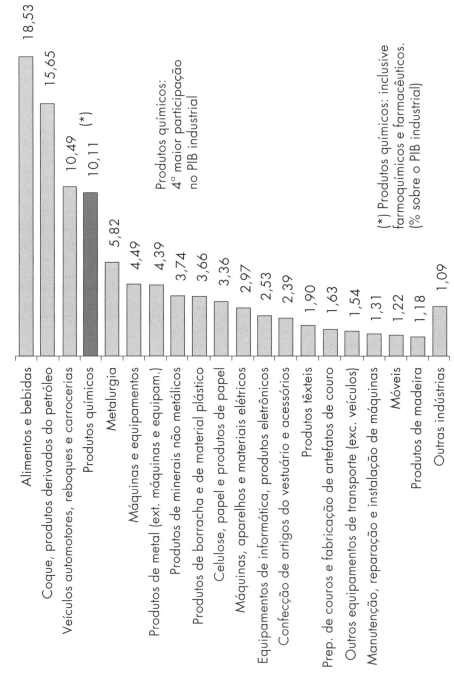

Figura 7.3 Participação da Indústria de Transformação no PIB-Brasil (%) Fonte: ABIQUIM/IBGE – PIA Empresas Unidade de Investigação: Unidade local industrial (base: 2009) (FIGUEIREDO, 2012).

História da Indústria Química no Brasil

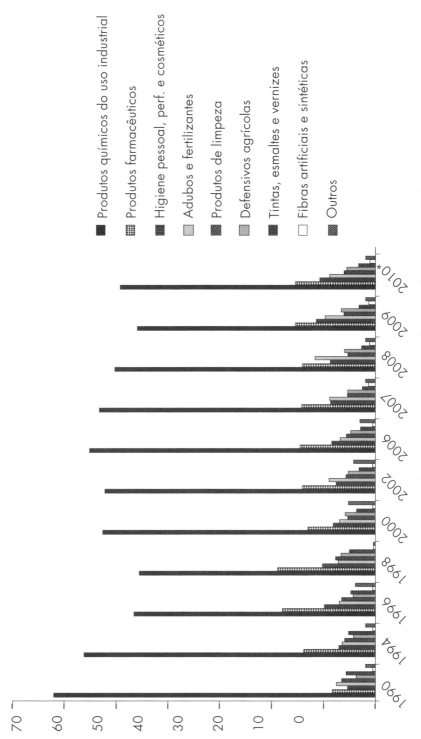

Figura 7.4 Contribuição do faturamento líquido de segmentos da Indústria Química brasileira (%).

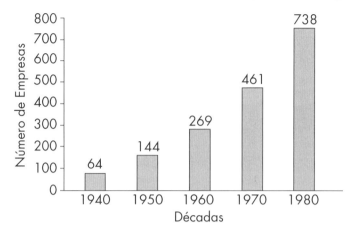

Figura 7.5 Total acumulado de fábricas de produtos químicos de uso industrial desde as suas criações (baseado em VANIN, 1994; CAMPOS, 2011).

Figura 7.6 Distribuição de plantas de produtos químicos de uso industrial – Total 1.051 (CAMPOS, 2011).

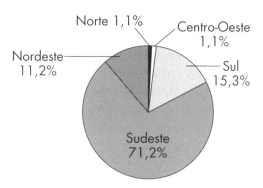

Figura 7.7 Fábricas de produtos químicos de uso industrial cadastradas no guia da Indústria Química brasileira por região (%).

A Tabela 7.1 apresenta o ranking das maiores Indústrias Químicas instaladas no Brasil, tendo o ano de 2010 como data-base. Verifica-se que, dentre as empresas, o primeiro lugar é ocupado por uma empresa brasileira. Sob esse aspecto, é importante mencionar que esta empresa, a Braskem, foi criada na década de 2000.

Tabela 7.1 Maiores Indústrias Químicas no Brasil em 2010 (REVISTA EXAME, 2011).

#	Empresa	Sede	Vendas em milhões US$
1	Braskem	São Paulo (SP)	13.070,0
2	Refap	Canoas (RS)	8.546,4
3	Basf	São Paulo (SP)	3.836,5
4	Bayer	São Paulo (SP)	2.575,3
5	Heringer	Paulínia (SP)	2.213,9
6	DuPont	Barueri (SP)	2.156,9
7	Syngenta	São Paulo (SP)	2.145,5
8	Bunge Fertilizantes	São Paulo (SP)	2.094,6
9	Dow	São Paulo (SP)	1.713,6
10	White Martins	Rio de Janeiro (RJ)	1.608,3
11	Akzo Nobel	São Paulo (SP)	1.578,8
12	Quattor Participações	Rio de Janeiro (RJ)	1.553,3
13	Quattor	São Paulo (SP)	1.520,1
14	3M	Sumaré (SP)	1.422,4
15	Rhodia	São Paulo (SP)	1.362,7

A empresa petroquímica Braskem teve origem a partir da integração da Copene, OPP Química, Trikem, Nitrocarbono, Proppet e Polialden. A Braskem foi consolidando-se como a maior empresa no setor petroquímico no Brasil ao adquirir a Politeno (em 2006), Ipiranga Petroquímica e Petroquímica Paulínia (em 2008), e a Quattor (em 2011). Outro fato importante que marcou a década de 2000 foi a descoberta, por parte da Petrobras em 2006, de petróleo na camada pré-sal localizada entre os estados de Santa Catarina e Espírito Santo, onde se encontram grandes volumes de óleo leve. Na Bacia de Santos, por exemplo, o óleo identificado no pré-sal apresenta densidade de 28,5º API, baixa acidez e baixo teor de enxofre. A partir dessa descoberta, a Petrobras, em 2008, superou a marca de 100 milhões de barris de petróleo.

Apesar dos números, a Indústria Química brasileira, segundo Bastos e Costa (2011), é caracterizada por grande assimetria. Seu motor de crescimento tem sido exclusivamente o mercado interno, com exceção de períodos em que a retração doméstica é compensada por algum aumento das exportações à custa de redução de preços, como na crise de 2008-2009. Esses autores apontam que a produção química brasileira não é capaz de atender completamente à demanda interna, que écrescentemente suprida por importações, resultando em déficits crescentes da balança comercial nas fases de expansão da economia (BASTOS; COSTA, 2011). O país apresentou um histórico preocupante de déficit da balança comercial, conforme ilustra a Figura 7.8, da qual se constata o crescimento explosivo no déficit de US$ 1,5 bilhão em 1991 para US$ 26,5 bilhões em 2011.

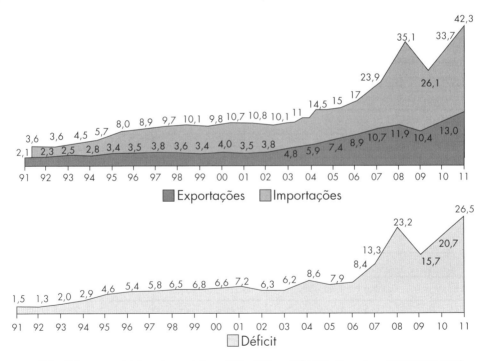

Figura 7.8 Balança comercial de produtos químicos – 1991 a 2011 em US$ bilhões (baseado em FIGUEIREDO, 2012).

A forte dependência de importações resulta de investimentos insuficientes em face da expansão da demanda, decorrentes de questões macroeconômicas, de câmbio e juros, entre outras, mas também da insuficiência da oferta doméstica e da limitada diversificação da produção química brasileira, apoiada em um leque reduzido de produtos e subcadeias químicas comparado ao padrão altamente diversificado da indústria mundial, particularmente nos países desenvolvidos (BASTOS; COSTA, 2011). A produção química brasileira, no final da década de 2000, foi, segundo Bastos e Costa (2011) quase restrita a *commodities* químicas (orgânicas, como as resinas plásticas, principal segmento da indústria petroquímica), tendo um número reduzido de produtos de maior valor agregado e intensidade tecnológica. Tal cenário, segundo os autores, se explica pela limitação dos investimentos em decorrência dessas mesmas razões, além da escassez de matérias-primas, da reorientação global da produção de empresas multinacionais e do deslocamento de plantas, entre outros.

O déficit na balança comercial de produtos químicos atingiu US$ 28,1 bilhões em 2012, representando um aumento de 6,2 % em relação a 2011 e pouco mais de 290 % em relação a 2001. O avanço acelerado do déficit na década de 2000 e no início da década de 2010 pode ser explicado, em parte, pelo fato de o aumento da demanda interna por produtos químicos ser cada vez mais atendido por importações e pelo aumento significativo das importações de produtos de uso final. Os principais produtos químicos brasileiros exportados nesse período foram, em sua grande maioria, *commodities* ou aditivos utilizados na indústria alimentícia, havendo poucos produtos de mais alto valor agregado (BASTOS; COSTA, 2011). Torna-se fundamental, como apontado por Leite (2008), o investimento na agregação de conhecimento, de tecnologia e de inovação para aumentar a competitividade das empresas nacionais. Segundo o autor, a inovação tecnológica é a chave para o país galgar posições mais atraentes no cenário internacional. De acordo com Leite (2008), a produção nacional de ciência vem melhorando, mas os indicadores de tecnologia são aquém do desejado para o porte da economia brasileira. Vieira (2006) apresenta dados que indicam que o valor agregado das exportações brasileiras concentraram-se majoritariamente em produtos de baixa intensidade tecnológica, conforme mostra o Quadro 7.3.

Quadro 7.3 Exportações brasileiras pelo grau de tecnologia dos produtos (VIEIRA, 2006).

Grau de tecnologia	%	Tipo de produto
Alto	8,8	Fármacos, aviões, informática, equipamentos de comunicação, instrumentos ópticos.
Médio-alto	30,7	Produtos químicos, automóveis, equipamentos elétricos.
Médio-baixo	25,9	Petróleo refinado, plásticos, borracha, navios.
Baixo	34,6	Alimentos, bebidas, papel, celulose, têxteis, couros, calçados, móveis.

O Brasil, frente a vários fatores que envolviam a Indústria Química, mostrava-se, no final da década de 2000, correr o risco de uma desindustrialização, caso não fossem tomadas medidas urgentes para resgatar a competitividade da indústria, principalmente quanto a: desoneração tributária; redução de taxas de juros e acesso ao crédito; competitividade de matéria-prima; estímulo à inovação; solução das barreiras logísticas (CAMPOS, 2011). Para tanto, a Associação Brasileira da Indústria Química (ABIQUIM) propôs, em 2010, o *Pacto Nacional da Indústria Química*. A intenção estratégica da proposta foi a de posicionar a Indústria Química brasileira entre as cinco maiores do mundo em 2020, tornando o país superavitário em produtos químicos e líder em Química Verde. O documento envolve um conjunto de compromissos da Indústria Química com a inovação, o desenvolvimento econômico e social do país e o estabelecimento de condições favoráveis aos investimentos no setor. Os compromissos da Indústria Química são:

- desenvolver e difundir padrões cada vez mais elevados de responsabilidade e conduta industrial, ambiental e empresarial, promovendo a sustentabilidade nos segmentos que compõem a Indústria Química;
- impulsionar o crescimento econômico brasileiro, realizando investimentos substanciais no aproveitamento dos recursos do pré-sal, na utilização da biomassa em soluções de química renovável e na elevação da capacidade produtiva exportadora nacional;
- desenvolver tecnologias, inovando em produtos e soluções avançadas para atender à demanda de outros setores e atividades;
- elevar os padrões de gestão, de responsabilidade fiscal e de produtividade;
- promover continuamente a qualificação dos trabalhadores da Indústria Química e contribuir para a formação de pessoas nas indústrias a ela relacionadas (ABIQUIM, 2010).

CONCLUSÃO

Pode-se estruturar o desenvolvimento das indústrias de transformação no Brasil, em particular, as associadas ao setor químico em diversas fases, sendo a primeira que permeia desde o descobrimento até meados do século XIX e caracterizada como de exploração de recursos naturais, em que o investimento na indústria de transformação no Brasil foi bastante restrito, culminando com a sua proibição no final do século XVIII.

Com o advento do Império, mas ainda baseado no trabalho escravo e conservando técnicas de transformação da época de colônia de Portugal e distante da Revolução Industrial em curso, os investimentos na indústria continuaram desestimulados, em virtude dos acordos comerciais assinados de 1810 a 1844, além de o desempenho da economia exportadora ter sido calcada na agricultura.

Verifica-se, por outro lado, que a gênese do capital industrial ocorreu a partir da década de 1880. Como marco no setor químico, pode-se citar a instalação da Fábrica de Productos Chimicos de Luís de Queiroz & C. em 1895, objetivando a produção de especialidades químicas e farmacêuticas em larga escala. Nas duas primeiras décadas do século XX, começaram a ser instaladas indústrias multinacionais, principalmente as alemãs. Alguma diversificação industrial começou no Brasil na década de 1920, a partir da qual os incentivos governamentais foram estendidos à produção de cimento, entre outros setores. O desenvolvimento industrial que ocorreu a partir da década de 1930 pode ser caracterizado como industrialização por substituição de importação, e somente depois da década de 1940 é que começa a haver a produção brasileira de produtos químicos industriais pesados.

A década de 1960 apresentou grande impulso da Indústria Química no Brasil, representando 12,4% em relação a outros segmentos industriais. Na década de 1970, surgiram dois dos três polos petroquímicos no Brasil. Ao fim da década de 1980, o setor químico brasileiro abrangia cerca de trezentos produtos diferentes. O início da década de 1990 foi caracterizado pela ascensão do governo Collor. Esse governo deflagrou alterações significativas no cenário econômico nacional visando, principalmente, aos processos de desestatização e de integração do Brasil à economia internacional, prejudicando o setor químico nacional. Contudo, no final da década de 1990, verificou-se que a Indústria Química brasileira figurava entre os dez maiores fabricantes de produtos químicos do mundo, apesar de apresentar forte déficit comercial. O déficit aumentou assustadoramente na primeira década do século XXI, indicando que a necessidade da retomada de investimentos associados à substituição de importações e à ampliação das exportações é condição indispensável para a superação do crônico déficit do país em produtos químicos.

Observa-se, claramente, o constante aumento da demanda de produtos químicos em nosso país sem que o setor químico possa supri-la. Evidencia-se a necessidade de se aumentar a capacidade de produção e mesmo de desenvolvimento de novas tecnologias associadas a processos e produtos, aflorando então a urgência na modernização do parque industrial com forte apelo em inovação. Além disso, existe a necessidade de ampliar o parque industrial em direção a outros estados da nação (Figura 7.6), uma vez que 86,5 % das plantas químicas (produtos de uso industrial) estão concentradas nas regiões Sul e Sudeste (Figura 7.7). Igualmente importante é a formação de mão de obra especializada, em particular profissionais de Engenharia Química.

BIBLIOGRAFIA CONSULTADA

ABIQUIM - ASSOCIAÇÃO BRASILEIRA DA INDÚSTRIA QUÍMICA. **Pacto Nacional da Indústria Química**. São Paulo, 2010. Disponível em: <http://canais.abiquim.org.br/pacto/Pacto_Nacional_Abiquim.pdf>. Acesso em: 11 out. 2010.

BASTOS, V. D.; COSTA, L. M. Déficit comercial, exportações e perspectivas da Indústria Química brasileira. **BNDES Setorial,** Rio de Janeiro, v. 33, p. 163-206, mar. 2011. Disponível em: <www.bndes.gov.br/SiteBNDES/export/sites/default/bndes_pt/Galerias/Arquivos/conhecimento/bnset/set3305.pdf>. Acesso em: 31 jan. 2013.

BRASIL. Decreto nº 55.759, de 15 de fevereiro de 1965. Institui estímulos ao desenvolvimento da Indústria Química e dá outras providências. **Diário Oficial da União,** Brasília, DF, 17 fev. 1965. Seção 1, p. 1937.

BUENO, E. **Brasil**: uma história. São Paulo: Ática, 2003.

CAMPOS, M. K. S. A **Indústria Química brasileira em 2010**. Disponível em: <www.proyectoiberquimia.org/pdf/IBQ_brasil/jornada_1005/uno.pdf>. Acesso em: 12 dez. 2011.

DE LUCA, T. R. **Indústria e trabalho na história do Brasil**. São Paulo: Contexto, 2001.

FERREIRA, F. G. C. et al. Relatório de acompanhamento conjuntural. **ABIQUIM,** São Paulo, v. 21, n. 11, nov. 2012. Disponível em: <www.abiquim.org.br/pdf/indQuimica/AIndustriaQuimica-RAC.pdf>. Acesso em: 3 fev. 2013.

FIGUEIREDO, F. **As perspectivas futuras da Indústria Química.** São Paulo: ABIQUIM, 2012. Disponível em: <http://189.44.180.60/BNews3/images/Forum%202012/Fernando%20Figueiredo.pdf>. Acesso em: 06 fev. 2013.

LEITE, L. F. **Metodologia de seleção, avaliação e priorização de projetos tecnológicos inovadores**. Tese (Doutorado em Engenharia Química) – Universidade Federal do Rio de Janeiro, Rio de Janeiro, 2008.

MOTOYAMA, S. et al. As tecnologias e o desenvolvimento industrial brasileiro. In: MOTOYAMA, S. (Org.). **Tecnologia e industrialização no Brasil**. São Paulo: Editora da Unesp, 1994.

REVISTA EXAME. **As 15 maiores empresas de química e petroquímica**. São Paulo, 28 out. 2011. Disponível em: <http://exame.abril.com.br/negocios/noticias/as-15-maiores--empresas-de-quimica-e-petroquimica>. Acesso em: 23 set. 2012.

SUZIGAN, W. **Indústria brasileira:** origem e desenvolvimento. Campinas: Hucitec: Editora da Unicamp. 2000.

VANIN, J. A. Industrialização na área química. In: MOTOYAMA, S. (Org.). **Tecnologia e industrialização no Brasil**. São Paulo: Editora da Unesp, 1994.

VIEIRA, E. **Tempo de criar**. Indústria Brasileira, Sistema Indústria, Confederação Nacional da Indústria, n. 69, p. 17, 2006.

WONGTSCHOWSKI, P. **Indústria química**. 2. ed. São Paulo: Blucher, 2002.

8 CAPÍTULO

HISTÓRIA DA ENGENHARIA QUÍMICA MUNDIAL

Se buscarmos o nascimento da Indústria Química moderna e a do petróleo, iremos encontrar a década de 1850 como decisiva para tais setores. Na Europa, houve o desenvolvimento do corante sintético. Essa descoberta impulsionou sobremaneira a Indústria Química naquele continente, principalmente a alemã, a partir da década de 1860, estendendo-se a sua liderança no setor, inclusive em nível mundial, até a Segunda Guerra Mundial, quando foi substituída pelos Estados Unidos. Se na Europa o carvão era a fonte de energia mais utilizada, bem como matéria-prima essencial para o advento da moderna Indústria Química, os Estados Unidos, paralelamente, desenvolveram a tecnologia do processamento do petróleo, principalmente a partir da década de 1850, quando a destilação do petróleo foi viabilizada para a produção do querosene, entre outros subprodutos.

O MODELO ALEMÃO

O progresso da indústria alemã, que a levou ao topo no setor durante a segunda Fase da Revolução Industrial (veja o Quadro 5.1), foi baseado fortemente em uma intensa interação entre os setores educacional e produtivo. A grande disponibilidade alemã de químicos altamente treinados se deve, principalmente, ao surgimento da primeira escola de formação profissional na especialidade proposta por Justus von Liebig, em 1825, na Universidade de Giessen. Os químicos importantes do século XIX foram discípulos de Liebig ou alunos de alunos de Liebig. O intercâmbio entre a academia e o setor produtivo foi a essência do desenvolvimento do setor químico germânico.

Em 1897 cerca de 4 mil químicos formados trabalhavam fora de atividades acadêmicas. Destes, 250 trabalhavam no setor de inorgânicos da Indústria Química, mil no setor de orgânicos e cerca de seiscentos em outros negócios químicos ou farmacêuticos (VANIN, 1994). Ressalte-se, também, o gerenciamento alemão de suas fábricas no setor químico. Em quase todas, havia, no nível mais alto de gerência, pelo menos um químico ou cientista que pudesse entender do assunto desde o processo produtivo até o atendimento aos clientes, de modo a esclarecê-los sobre o melhor aproveitamento do produto (WONGTSCHOWSKI, 2002).

Bevenuto (1999) menciona que as indústrias alemãs recrutavam os melhores egressos universitários para incorporá-los em seus laboratórios e fábricas com excelentes salários. Essa atitude empresarial despertou o interesse dos estudantes e as matrículas em especialidades químicas cresceram rapidamente. As empresas, com o incentivo do Estado alemão por meio da criação de lei de patentes que protegiam a inovação tecnológica, construíram os seus próprios laboratórios, onde doutores em química e engenheiros mecânicos, civis e elétricos trabalhavam em equipe sem a necessidade, até então, da existência de um especialista em que nele convergissem conhecimentos da Química e da Engenharia. Por via de consequência, as universidades alemãs não precisaram de departamentos especializados em Engenharia Química, de forma que a abordagem alemã de tal especialidade considerava a combinação de conhecimento de Química com Engenharia Mecânica (PORTO, 2000). Essa especialidade era desenvolvida por doutores em Química e engenheiros nas próprias empresas ou, se necessário, supridos por cursos de pós-graduação em Engenharia Química. Os primeiros departamentos especializados em Engenharia Química apareceram nas universidades alemãs no início da década de 1930.

A ENGENHARIA QUÍMICA

Se, por um lado, na Alemanha havia a concepção do trabalho em equipe que impulsionou a sua Indústria Química sem a presença de um profissional de Engenharia Química, do outro, tanto nos Estados Unidos quanto na Inglaterra, existiam químicos nas indústrias que ocupavam, até 1880, postos de baixo nível e realizavam tarefas de auxiliares em laboratórios rudimentares nas fábricas. Com os descobrimentos científicos, especialmente em Química e Física, aumentaram as possibilidades para químicos e engenheiros os aplicarem no campo industrial. Iniciou-se, dessa maneira, uma atividade distinta para tais profissionais. Os químicos, limitados a trabalhos de pesquisa nas grandes universidades, começaram a trabalhar em plantas – piloto junto com engenheiros, geralmente mecânicos, que estudavam projetos de novos equipamentos. No início, esses profissionais limitavam-se a recomendar aos industriais os equipamentos que consideravam mais eficientes dentre aqueles oferecidos por catálogos de fornecedores. Um pouco mais adiante, essa tarefa estendeu-se ao convívio de químicos e engenheiros nas plantas, e começaram a projetar e fabricar equipamentos específicos. A essa atividade, George E. Davis, um consultor industrial britânico, denominou Engenharia Química e, em 1880, propôs sem sucesso a formação da *Society of Chemical Engineers*. Em 1887, Davis ministrou uma série de palestras sobre operações em processos químicos nas quais o então exercício da Engenharia Química, associado a um esforço conjunto de químicos e engenheiros, visava transferir, desde a escala de laboratório à industrial, parâmetros e experiências de um conjunto de operações comuns a processos industriais diversos, tais como a filtração, a sedimentação e a destilação. Davis, além de lançar a semente da Engenharia Química, por meio das Operações Unitárias, publicou, em 1901, o seu *Handbook of Chemical Engineering*.

O sonho de Davis não vingou na Inglaterra, sendo necessário cruzar o Atlântico e aportar no MIT, Cambrige, Estados Unidos, indo encontrar – poucos meses depois – Lewis Norton, um industrial e professor de Química Orgânica, permitindo-lhes lançarem as bases, em 1888, do primeiro curso de Engenharia Química no mundo. No final do século XIX havia cursos de Engenharia Química nos Estados Unidos, além do MIT, na Universidade da Pensilvânia, em 1892, em Tulane, em 1894, e em Michigan, em 1898. Em todos esses cursos, prevalecia o ensino da química descritiva dos processos industriais, utilizando-se de metodologia que contribuía pouco à compreensão dos princípios científicos. A maior parte do tempo era dedicada para a descrição de centenas de indústrias em que os processos se repetiam frequentemente.

No MIT, o curso evoluiu, criando-se em 1903 um laboratório de pesquisa em Físico-Química, abrindo, dessa maneira, uma divisão para a cooperação industrial. Só em 1920 é que foi criado, no MIT, o Departamento de Engenharia Química, onde Arthur D. Little propôs a sistematização do estudo das Operações Unitárias enquanto disciplinas. Cinco anos antes, em 1915, D. Little engendrou tal sistematização, revolucionando o ensino de Engenharia Química nos Estados Unidos. Ao precisar com clareza o objeto epistemológico da disciplina, D. Little assentou as bases para o seu rápido desenvolvimento, impulsionando trabalhos teóricos e experimentais de todo o tipo sobre as Operações Unitárias nos mais avançados institutos universitários daquele país (BEVENUTO, 1999).

A importância da contribuição de D. Little está na visão de que os processos, quaisquer que fossem, eram constituídos de passos ou etapas, que eram iguais em diversos processos de transformação, podendo ser analisados independentemente dos processos particulares de produção em que estivessem inseridos, conforme ilustra o Quadro 8.1. Por exemplo, etapas ou operações de evaporação, filtração, moagem e secagem (primeira coluna do Quadro 8.1) poderiam ser estudadas independentemente do processo nelas presente ou dos materiais a serem processados (segunda coluna do Quadro 8.1).

Quadro 8.1 Operações unitárias presentes em alguns processos de produção.

Operações Unitárias	Processos que envolvem a produção de
Evaporação	Adesivos e selantes; antibióticos; fertilizantes; fibras artificiais; verniz
Filtração	Adesivos e selantes; ácido sulfúrico; antibióticos; cerveja; fibras artificiais; resinas; sabão; tinta
Moagem	Adesivos e selantes; adubos; fertilizantes; fibras artificiais; inseticidas; perfumes; resinas; verniz
Secagem	Adesivos e selantes; adubos; ácido sulfúrico; antibióticos; cerveja; fármacos; fertilizantes; inseticidas; papel; resinas; sabão; tinta

Em outras palavras: as Operações Unitárias têm vida própria. Verificou-se, também, que as Operações Unitárias giravam, na época, em torno de trinta, enquanto o número de processos industriais chegava a centenas. O estudo dos processos, em si, era uma tarefa cansativa, enfadonha e tendia à impossibilidade devido ao número crescente de processos. O conceito desenvolvido por Little libertou o engenheiro químico dessa impossibilidade, construindo as verdadeiras bases da Engenharia Química (THOBER; GERMANY, 1992).

A partir da década de 1920, houve acelerada expansão da Engenharia Química nos Estados Unidos, como resultado de negociações entre cientistas, universitários, industriais e profissionais, permitindo a elaboração de trabalhos revolucionários na época e direcionados, basicamente, à indústria do petróleo. Nesse aspecto, convém salientar os trabalhos de Ponchon e Savarit, em 1920, em que desenvolveram e apresentaram o diagrama de entalpia-concentração, extremamente útil para resolver cálculos de destilação, bem como o de McCabe e Thiele, em 1925, em que propuseram um método gráfico para calcular o número de pratos teóricos de uma coluna fracionada de destilação para misturas binárias. Antes, porém, os diversos atores envolvidos nesse processo puderam ser agrupados no poderoso AIChE, fundado em 1908, assim como desenharam um corpo curricular para o ensino e fixaram as atribuições profissionais dos engenheiros químicos nos Estados Unidos.

A SEGUNDA METADE DO SÉCULO XX

Pode-se considerar que a segunda metade do século XX começou na década de 1930 com o advento da indústria dos derivados do petróleo e em especial a indústria petroquímica, bem como o desenvolvimento de várias fibras sintéticas, em particular com a descoberta do *nylon* por Wallace Hume Carother. Nas décadas de 1930 e 1940, em paralelo ao da Indústria do Plástico principalmente nos Estados Unidos, começou a haver esforços para salientar a importância do ensino de Termodinâmica nos cursos de Engenharia Química desse país, assim como foram estabelecidos fundamentos básicos de Equilíbrio de Fases, Transferência de Quantidade de Movimento, de Calor e de Massa nos cursos de Engenharia Química. Por outro lado, até a década de 1950, o estudo das Operações Unitárias em conjunto com os processos unitários, considerando que nestes, também as etapas de reações químicas possam ser entendidas como processos unitários, ordenou a formação do engenheiro químico até o advento das chamadas Ciências da Engenharia Química.

As Ciências da Engenharia Química, como apresentadas no Capítulo 3, partem do pressuposto de analisar as operações e processos unitários tendo como base aspectos de Fenômenos de Transporte (Transferência de Matéria, Energia e de Quantidade de Movimento), associados ao domínio da Físico-Química (Termodinâmica, Reações Químicas). Um exemplo dessa fundamentação está na publicação, em 1954, do livro *Molecular Theory of Gases*, de Hirschfelder, Curtiss e Bird, que foi essencial para o aparecimento, em 1960, do livro *Transport Phenomena*, de Bird, Stewart e Lighfoot.

O conceito de Operações Unitárias evoluiu a partir do maior conhecimento dos Fenômenos de Transporte. Assim, operações como absorção, adsorção, extração líquido-líquido, por exemplo, têm em comum várias características, entre elas a Transferência de Massa entre duas fases e a Teoria das Duas Resistências, podendo ser tratadas genericamente por Operações de Transferência de Massa (veja o Quadro 3.3). O reconhecimento da "unificação" de algumas operações deu-se também com os processos. Em alguns processos químicos modernos, a ideia de serialização foi substituída por simultaneidade: surgiram assim os reatores com membranas, a destilação extrativa/reativa, entre outros, que congregam várias etapas ou vários processos em um único equipamento. Como decorrência, aumentou-se o número de processos integrados, em que coexistem operações e processos "unitários", aproveitando-se de maneira mais eficiente os gradientes internos existentes/gerados no processo como um todo (PORTO, 2000).

Além dos Fundamentos da Engenharia Química (veja a Figura 3.6), ressalte-se a importância do advento da Informática e a sua aplicação no campo da Engenharia Química. Em 1947, houve a proposta da solução do problema da difusão de nêutrons usando o método de Monte Carlo pelo computador ENIAC e, em 1959, o controle de processos por computador ganhou credibilidade. Em 1981, a Microsoft desenvolveu o MS-DOS para PC da IBM e, nesse mesmo ano, um software de simulação de processos químicos foi desenvolvido para PC. Como consequência, é comum encontrar pacotes computacionais como DESIGN II, ASPEN, SIMSCI (PROII), HYSIM, & CHEMCAD sendo aplicados na formação do engenheiro químico.

O INÍCIO DO SÉCULO XXI

Se nas últimas décadas do século XX a Indústria Química passou por transformações notáveis no que se refere a seus processos produtivos e adoção de inovações em produtos, o mesmo não se pode escrever a respeito do ensino de Engenharia Química. O início do século XXI caracterizou-se pela consolidação da Engenharia Química voltada para o desenvolvimento de processos químicos com o foco para a produção de *commodities* e, principalmente, para a Indústria Petroquímica, a qual não sofreu grandes transformações tecnológicas quando comparadas a outros segmentos da Indústria Química. Boa parte do ensino de Engenharia Química e dos profissionais resultantes dessa educação estavam muito mais preparados para enfrentar situações conhecidas e dominadas do que para novos desafios e para o desenvolvimento de inovação na Indústria Química. Como exemplo, pode-se citar o estudo realizado pelo *European Federation of Chemical Engineering*, por Molzahn (2004), o qual apontava que o ensino de Engenharia Química na Europa apresentava três desafios centrais a serem enfrentados no início do século XXI.

O primeiro deles estava associado ao interesse em se cursar Engenharia Química. Muitas universidades na Europa estavam funcionando abaixo da capacidade de estudantes e diversos cursos haviam sido fechados. Dentre os motivos apontados por Molzahn (2004) havia, naquela oportunidade, que tanto a Engenharia Química quanto qualquer outro curso de Engenharia eram considerados cursos mais difíceis em relação a outros, tais como Administração, Direito e Economia, assim como profissões menos lucrativas. Isso estava associado à falta de conhecimento a respeito dos cursos de Engenharia, assim como das próprias perspectivas após a sua conclusão.

Para reverter tal situação, alguns países europeus procuraram criar alternativas para estimular o ingresso de alunos em cursos de Engenharia Química. Na Noruega, por exemplo, foram criadas parcerias entre universidades e indústrias, que financiavam atividades de recrutamento em colégios e promoviam projetos e *summer jobs* (estágios de férias) para estudantes de ensino médio. Na Alemanha, o tópico Tecnologia foi inserido no currículo dos ensinos fundamental e médio, visando criar maior interesse nos alunos desde cedo. O oferecimento de novos programas ligados à Biologia aos cursos de Engenharia Química também estimularam o aumento do interesse dos estudantes de ensino médio (MOLZAHN, 2004).

História da Engenharia Química Mundial

101

O segundo desafio estava associado ao Processo de Bolonha, que objetivava criar uma área comum de ensino superior na Europa. Com isso, esperava-se que os cursos de todos os países aderentes pudessem seguir a mesma estrutura curricular, permitindo maior intercâmbio de informações, alunos, projetos em todo o continente. Todavia, o processo esbarrou nas diferenças entre o ensino superior em cada país e instituição, como, por exemplo, a duração do curso e o embasamento de cunho teórico ou prático (MOLZAHN, 2004).

O terceiro e último desafio, apontado por Molzahn (2004), estava associado à incerteza em relação ao futuro do ensino da Engenharia Química. Constatou-se que cerca de 25% do alunado formado em Engenharia Química, de fato, trabalhavam na Indústria Química. Cada vez mais, os recém-formados eram contratados em áreas em que anteriormente não se imaginava a presença e a necessidade do engenheiro químico. Com isso, surgem novas possibilidades e oportunidades de diversificar e ampliar aplicações da Engenharia Química a novos processos e indústrias. Adaptar a estrutura acadêmica dos cursos à nova realidade pode ser um problema, visto que essa diversificação pode levar a uma perda na identidade e coesão do curso e da profissão.

Essa necessidade de adaptação à nova realidade da Engenharia Química é encontrada, no início do século XXI, por exemplo, na Oceania. Nesse continente, existem cursos de Engenharia Química com forte apelo à bioengenharia e bioprocessos, como são os casos das Universidades de Melbourne, de Queensland, Newcastle University na Austrália e da *University of Waikato* e *Massey University*, na Nova Zelândia. Ressalte-se que na Universidade de Queensland existiam disciplinas na Engenharia Química de modo a formar profissionais com noções mais amplas, com focos em Economia, Biotecnologia, Negócios e Comércio Exterior.

Pelo exposto, o início do século XXI é caracterizado por um profundo período de transição em que se buscam alternativas, tal qual a incorporação definitiva de Biologia e de simuladores de processos, para a formação de novos profissionais de Engenharia Química de modo a estimular a sua procura enquanto curso de formação superior e para atender e acompanhar as transformações e inovações da própria Indústria Química.

... E O ENGENHEIRO QUÍMICO?

Levenspiel, citado por d'Ávila (2001), parafraseando a 2ª Lei da Termodinâmica, diz: "O ensino de Engenharia Química existe para atender às necessidades do setor industrial: logo, deve se adaptar e mudar na direção que a indústria toma". Apesar de ser um tanto forte, ou seja, uma profissão regida apenas por um setor de suas atividades, não se pode tampar o Sol com uma peneira, pois se observarmos a Figura 8.1, notaremos estreita relação entre as atividades do engenheiro químico e o desenvolvimento industrial desde 1930, considerando o seu início com a Indústria Petroquímica. Ao tempo de apresentar tal vínculo, essa mesma figura mostra a expansão das atividades do engenheiro químico, de tal modo que o prof. d'Ávila ilustra a definição da profissão, em tom de leveza: "Engenharia Química é aquilo que os engenheiros químicos fazem". Isto se deve bastante à sua característica multidisciplinar, pois com uma forte formação em Ciências Básicas e de Engenharia Química (veja o Capítulo 3), o engenheiro químico é capaz de contribuir nos processos de produção, gerência, vendas e de pesquisa, atuando nos campos dos agroquímicos, alimentos, cosméticos, fármacos, até a indústria aeroespacial, eletrônica, software, robótica etc. (d'ÁVILA, 2001).

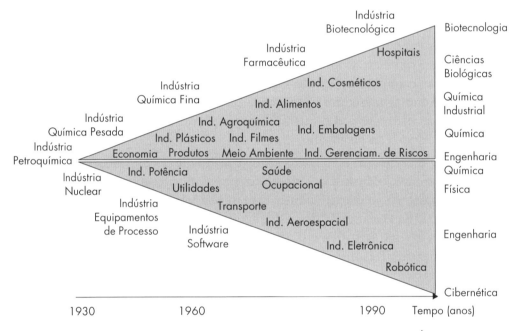

Figura 8.1 Evolução do campo de atuação do engenheiro químico (adaptado de Gilet por d'ÁVILA, 2001).

CONCLUSÃO

Tendo como ponto de partida o início da segunda fase da Revolução Industrial (1850-1945), podemos concluir que a Engenharia Química, no seu início, alçou voo nos Estados Unidos e atravessou períodos assim caracterizados:

1850-1880: *Atividade relacionada à Engenharia Química sem reconhecimento profissional*. Foi um período, como apontado por Thober e Germany (1992), regido por amadorismo, segredo e empirismo, principalmente devido à dificuldade da difusão de informações técnicas e por não dispor de base científica desenvolvida. Esse período acaba sendo coincidente com o do nascimento da Indústria Química moderna, principalmente na Alemanha.

1880-1915: *Estabelecimento da profissão e atividade de químico industrial*. Apesar de reconhecer a necessidade da existência profissional do engenheiro químico, a Engenharia Química era regida por "receitas". Havia o estudo dos diversos tipos de processos como sendo independentes (por exemplo indústria de fertilizantes) ou associado à família de processos (por exemplo indústria de silicatos, compreendendo a cerâmica, o vidro etc.). Em se tratando da Indústria Química, este período pode ser visto pela polarização entre a Alemanha, esta por meio da Indústria Química propriamente dita, e os Estados Unidos, pelo crescente uso dos derivados do petróleo.

1915-1960: *Crescimento científico e período das Operações e Processos Unitários.* Ao surgir a sistematização das Operações Unitárias, houve a preocupação científica em identificar e estudar teoricamente passos ou etapas que se repetiam em diferentes processos unitários. Neste período, aflorou o interesse de diversos setores da sociedade nas atividades do engenheiro químico. A Indústria Química tornou-se sinônimo de desenvolvimento. Iniciou-se a Idade do Plástico, a Era dos Petroquímicos e os primeiros passos da Informática associada ao controle de processo e solução de problemas complexos. Os Estados Unidos tornaram-se a grande potência tanto no ensino da Engenharia Química quanto no setor químico.

1960-2000: *Período das Ciências da Engenharia Química e crescimento multidisciplinar.* Neste período, ampliou-se a visão da Engenharia Química que, além de tecnológica, passou a interessar-se fortemente por ciência. O engenheiro químico apresenta sólida formação científica e tecnológica, abrindo novos horizontes para o seu campo de atuação e em áreas do conhecimento que transcendem a concepção original de ter nele um químico e um engenheiro, apenas.

BIBLIOGRAFIA CONSULTADA

BEVENUTO, M. R. Las orígenes de la Ingeniería Química en la Argentina, 1920. In: **Saber y Tiempo,** Buenos Aires, v. 7, p. 39-59, 1999.

d' ÁVILA, S. G. ENBEQs: Uma análise dos resultados e propostas de novos rumos. In: ENCONTRO BRASILEIRO SOBRE O ENSINO DE ENGENHARIA QUÍMICA, 9. **Anais...** Poços de Caldas, 2001. p. 3-23.

MOLZAHN, M. Chemical engineering education in Europe: trends and challenges. **Chemical Engineering Research and Design**, Elmsford, v. 82, n. 12, p. 1525-1532, 2004. Disponível em: <http://www.efce.eu/efce_media/Downloads/wpe/ChERD+Molzahn+04. pdf>. Acesso em: 07 set. 2012.

PORTO, L. M. A evolução da Engenharia Química: perspectivas e novos desafios. In: CONEEQ, 10., 2000, Florianópolis. **Anais...** Campinas: CAEQ, 2000. Disponível em: <www.hottopos.com./regeq10/luismar.htm>. Acesso em: 03 ago. 2004.

THOBER, C. W. A.; GERMANY, C. J. Engenharia Química: uma perspectiva da profissão no Brasil. In: CONGRESSO BRASILEIRO DE ENGENHARIA QUÍMICA, 9. **Anais...** Salvador, 1992. p. 423-430.

VANIN, J. A. Industrialização na área química. In: MOTOYAMA, S. (Org.). **Tecnologia e industrialização no Brasil.** São Paulo: Editora da Unesp, 1994.

WONGTSCHOWSKI, P. **Indústria Química.** 2. ed. São Paulo: Blucher, 2002.

9 CAPÍTULO

HISTÓRIA DA ENGENHARIA QUÍMICA NO BRASIL

A Engenharia Química, antes da sua concepção enquanto profissão, já existia no Brasil Colonial nos engenhos de açúcar, no quais se percebiam as Operações Unitárias de moagem e recristalização (VANIN, 1994). Ressalte-se, inclusive, a evolução tecnológica do engenho de açúcar quando da passagem dos banguês ao processamento do açúcar com a adoção, por parte da Companhia Açucareira de Porto Feliz, em 1878, de um conjunto de equipamentos que incluía moendas interligadas; evaporadores de triplo efeito; recipientes para cozimento a vácuo; turbinas centrífugas (SUZIGAN, 2000). Todavia, o conceito de Operações Unitárias, que veio a fazer parte do tronco na formação do engenheiro químico (veja a Figura 3.10), só se sistematizou na década de 1910, nos Estados Unidos.

Se observarmos a história da Engenharia Química mundial, verificamos que é a partir da década de 1880 que se reconheceu, principalmente nos Estados Unidos, a Engenharia Química como campo para as atividades conjuntas de químicos e engenheiros dentro de uma fábrica do setor químico e correlato. Tendo como referência essa década, pode-se vislumbrar a história da Engenharia Química no Brasil, para efeito de estudo, desde o surgimento do capital industrial em nosso país, por meio de três períodos: 1880-1920; 1920-1960; 1960-2000.

PRIMEIRO PERÍODO: 1880 A 1920

A partir da década de 1880 ocorreu, segundo Suzigan (2000), o nascimento do capital industrial brasileiro. Reconhece-se que, apesar de ensaios a partir do último terço do século XIX, a Indústria Química brasileira deu os primeiros passos no início do século XX com a incipiente indústria nacional e com o começo da instalação de multinacionais, estas a partir da década de 1910.

No que diz respeito à formação de recursos humanos destinados à atividade técnica e industrial é importante salientar a instalação, em 1893, do curso de Engenharia Industrial na USP, e em 1896 na Escola de Engenharia do Mackenzie College, unidade pioneira da atual Universidade Presbiteriana Mackenzie. Essas duas escolas, situadas na cidade de São Paulo, foram fundamentais para a criação dos primeiros cursos de Engenharia Química no Brasil.

Segundo Garcez (1970), o surto industrial em São Paulo, no início da década de 1910, foi acelerado. O Prof. Alfred Cownley Slater, do Mackenzie College e pioneiro do ensino industrial em São Paulo, propôs, em 1911, a criação de um curso de Química Industrial destinado ao preparo de técnicos industriais de nível médio bastante em voga, então, na Inglaterra. Era um curso equivalente ao hoje ensino médio. Em 1915, o curso de Química Industrial foi anexado à Escola de Engenharia, com duração de três anos.

A partir da Primeira Guerra Mundial (1914-1918) houve a necessidade da substituição de alguns produtos químicos importados por similares desenvolvidos no país, com incentivo discreto do governo brasileiro. Procurou-se intensificar a diversificação industrial na década de 1920. Paralelamente, programas de formação de profissionais surgiram, voltados para o mercado, assim como para acompanhar, de algum modo, as tendências fora do país. Exemplo disso foi a instalação de diversos cursos de Química Industrial no país, além daquele do Mackenzie College (1915), como os da Universidade de São Paulo (1920); Escola Politécnica da Bahia (depois Universidade Federal da Bahia – UFBA) em 1920; Universidade do Brasil, hoje Universidade Federal do Rio de Janeiro – UFRJ, em 1922; Universidade Federal do Rio Grande do Sul, em 1923; Universidade Federal do Paraná – UFPR, em 1924.

SEGUNDO PERÍODO: 1920 A 1960

Na década de 1920, o Brasil começou a se ajustar a um modelo de desenvolvimento industrial ligado à importação maciça de tecnologia e de matérias-primas, o que era estendido à formação de recursos humanos. Em 1922, o prof. Slater fundou e estruturou o curso de Engenharia Química, o primeiro no Brasil, na Escola de Engenharia do Mackenzie College. Esse curso congregou, além da parte específica de química, metalurgia e mecânica aplicadas à indústria de transformação (GARCEZ, 1970).

História da Engenharia Química no Brasil

Além do Mackenzie College, instalou-se, também na cidade de São Paulo e na USP, em 1925, o segundo curso de graduação em Engenharia Química no Brasil. Esse curso teve como precursores os cursos de Engenharia Industrial, criado em 1893 e extinto em 1926, o de Química, criado em 1918, e o de Química Industrial, criado em 1920 e fechado em 1935.

Como pode ser notado, a Engenharia Química não foi concebida de forma homogênea. Em ambos os casos citados nos dois parágrafos anteriores, a Engenharia Química adveio de um *mix* de Engenharia e de Química Industrial. Saliente-se que, no caso do USP, houve a sobreposição, durante dez anos, de cursos similares Engenharia Química e Química Industrial, visando atender ao mesmo mercado. Sobreviveu o moderno, permitindo-nos tomar a década de 1920 como a do nascimento da Engenharia Química no país.

Convém salientar que o ano de 1929 foi catastrófico para o Brasil, tendo em vista a quebra da bolsa em Nova York e a Crise do Café no Brasil. Tais eventos vieram a refletir no setor produtivo nacional. A partir de 1932, iniciou-se o reaquecimento na economia brasileira e o setor produtivo químico começou a responder, como também houve o interesse das Instituições de Ensino de Nível Superior (IES) no Brasil em criar cursos de Engenharia Química. Entretanto, em vez de nascerem cursos novos, com o enfoque voltado para a concepção das Operações e Processos Unitários reinante nas escolas de Engenharia Química, principalmente dos Estados Unidos, os cursos implementados no Brasil decorreram, basicamente, dos cursos de Química Industrial então existentes, como são os casos, na década de 1940, das Universidades Federais da Bahia, do Paraná e do Rio de Janeiro, e esses novos cursos, seguiam, em linhas gerais, a filosofia descritiva dos processos industriais, sendo as novidades ou os conceitos realmente diferenciadores da Engenharia Química (Operações Unitárias), apenas adicionados aos anteriores, como fossem áreas novas de conhecimento (THOBER; GERMANY, 1992).

Até o final da década de 1940, havia sete IESs que ofereciam cursos de Engenharia Química no Brasil, apesar de o país evidenciar, segundo Suzigan (2000), o desenvolvimento industrial a partir da década de 1930, caracterizado pela industrialização por substituição de importação, e iniciar a década de 1950 com o espírito da autossuficiência energética com o nascimento da Petrobras em 1953. Nessa década, surgiram novos cursos de Engenharia Química, grande parte deles com o mapa genético herdado da Química Industrial, como é o caso da UFRGS, onde, em 1958, foi criado o curso de Engenharia Química tendo como mãe a Química Industrial reinante ali desde 1923.

Enquanto em outros países, principalmente a partir da segunda metade da década de 1940, florescia o apetite das Ciências da Engenharia Química, conduzidas pela compreensão fenomenológica dos mecanismos que governavam os processos de transformação, no Brasil ainda se vivia sob o domínio da descrição de processos sobrepostos a conceitos de Operações Unitárias, levando a currículos cada vez mais inchados, e os egressos com formação ultrapassada em relação aos centros mais desenvolvidos. E isso, sem dúvida, estendia-se para o setor produtivo, pois este, além de importar máquinas, continuava com a importação de cérebros.

TERCEIRO PERÍODO: 1960 A 2000

Até 1959 existiam onze cursos de Engenharia Química no Brasil, todos em nível de graduação. Habert (2003) aponta que a industrialização brasileira, na época, demandava profissionais de alta competência científica para a política desenvolvimentista como no caso da expansão das refinarias no então nascente setor petroquímico. Isso veio a provocar impacto importante na criação de novos cursos, incorporando uma urgente transformação cultural na pesquisa tecnológica: a ênfase nas Ciências de Engenharia, superando as limitações de um empirismo histórico.

Com a criação do Programa de Mestrado da COPPE/UFRJ, em 1963, inaugurou-se, em nível acadêmico, o período das Ciências da Engenharia Química no país. Uma consequência imediata foi a formação, no Brasil, de professores-mestres que vieram a colaborar, já no início da década de 1970, com a criação de cursos com currículos tipicamente de Engenharia Química, como são os casos da Universidade Estadual de Maringá (UEM – 1971) e Universidade Estadual de Campinas (Unicamp – 1974). Para se ter uma ideia do crescimento da criação de cursos de graduação de Engenharia Química no Brasil, basta citar que nos anos 1970 e 1971 foram criados cinco novos cursos.

No final da década de 1960, houve o reconhecimento da profissão de engenheiro químico no Brasil, regulada pela Lei Federal n. 5.194, de 24/12/1966, a qual foi regulamentada pelo Decreto Federal n. 620, de 10/06/1969. No final dessa década, havia 25 cursos de graduação, quatro de mestrado e um de doutorado em território nacional. Convém mencionar que a Indústria Química viria a deslanchar na década seguinte, principalmente – como mencionado no Capítulo 7 – com a instalação dos polos petroquímicos.

Havia, até o final da década de 1970, 38 cursos de graduação em Engenharia Química (um aumento de quase 50% em relação à década anterior), seis programas de mestrado e três de doutorado (veja a Figura 9.1). Um dos fatores determinantes na expansão da criação de cursos de Engenharia Química é a instalação, em 1964, do Grupo Executivo da Indústria Química (Geiquim). Este instrumento de coordenação voltado especialmente para a Indústria Química apresentava, entre suas metas contidas no Decreto n. 55.759, o aperfeiçoamento e a disseminação da técnica, da pesquisa e da experimentação; alterar as disparidades regionais do nível de desenvolvimento; ampliar unidades já existentes (BRASIL, 1965). Além disso, é importante frisar que na década de 1970 houve grande concentração da instalação de indústrias químicas no Brasil, conforme mencionado no Capítulo 7.

História da Engenharia Química no Brasil

A década de 1970 foi decisiva para a consolidação da Engenharia Química no Brasil. Nessa década aconteceram fatos determinantes para a formação de uma identidade nacional da Engenharia Química. Pode-se citar a criação, em 30 de abril de 1975, da Associação Brasileira de Engenharia Química (ABEQ), a qual objetivava congregar pessoas físicas e jurídicas que se interessavam pelo desenvolvimento da Engenharia Química e pela valorização tecnológico-científica dos engenheiros químicos.

Conforme a inspeção tanto da Figura 7.2 quanto da Figura 9.1, a qual mostra a evolução da criação de cursos de graduação e de pós-graduação em Engenharia Química no Brasil, verifica-se que na década de 1970 o país passou por um período de crescimento acelerado tanto no sistema educacional superior, como na Indústria Química. Isso possibilitou a disposição, por parte do meio acadêmico, discutir a oferta e a demanda de profissionais e de conhecimento tecnológico na área da Engenharia Química. Segundo d'Ávila (2001), com o apoio da ABEQ e por iniciativa de professores do curso de Engenharia Química da Unicamp, surgiu a ideia de se organizar o 1° Encontro Brasileiro sobre Ensino em Engenharia Química (ENBEQ), que acabou sendo realizado em novembro de 1981, em Campinas. O objetivo do ENBEQ, conforme salientado por Mori e Maegava (1993), era melhorar a qualidade e o ensino de Engenharia Química no Brasil. O ENBEQ foi referência para criação e reformulação de cursos de Engenharia Química no país nos níveis de graduação e de pós-graduação.

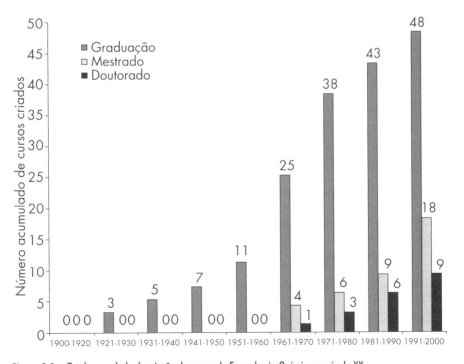

Figura 9.1 Total acumulado de criação de cursos de Engenharia Química no século XX.

A partir do final da década de 1960 é que se inicia a tríade na formação do engenheiro químico (graduação, mestrado e doutorado), como ilustra a Figura 9.1. Há de se observar que ao final da década de 1990 há uma leve tendência no crescimento dos cursos de graduação, bem mais acentuada em nível de pós-graduação, tanto no mestrado quanto no doutorado. Observando-se a Figura 9.1, em particular as informações relativas à pós-graduação em Engenharia Química, nota-se que esta era bastante incipiente. D'Ávila (2001) atribui esse comportamento ao fato do pouco estímulo para ações de internalização efetiva dos conhecimentos embutidos na tecnologia importada, e muito menos para investimentos em Pesquisa e Desenvolvimento para gerar tecnologia no Brasil.

Retomando a Figura 9.1 como uma curva logística de aprendizado, conforme apresentada na Figura 9.2, tendo como base a proposição que o surgimento, assimilação e emprego de tecnologias realiza-se como um processo de aprendizado.

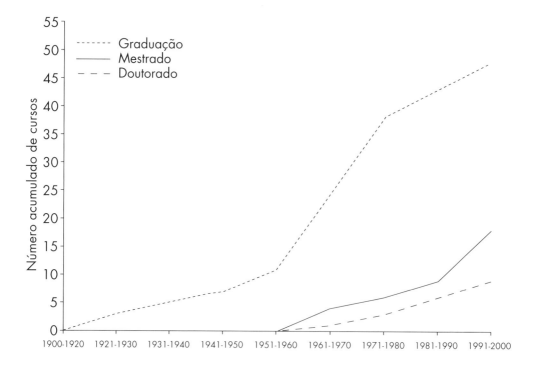

Figura 9.2 Curva de aprendizado relativo aos cursos de graduação e de pós-graduação de Engenharia Química no Brasil no século XX.

Dada a relação, pode-se identificar, no século XX, três fases no caso de cursos de graduação: 1) a primeira, de 1920 a 1950, como a fase embrionária, em que a aquisição do conhecimento tecnológico foi bastante lenta, porém a qual começou a sedimentar as bases de todo o processo, influenciando dessa maneira o surgimento incipiente de cursos de Engenharia Química, oriundos dos já existentes de Química Industrial; 2) a segunda, de 1950 a 1980, identificada à fase de crescimento, sendo caracterizada pela rápida geração e absorção de novos conhecimentos, em que se observa o acelerado crescimento dos cursos de graduação em Engenharia Química, principalmente quando comparado aos fatos relacionados à primeira década do terceiro período (1965-1974), caracterizado principalmente pela criação de cursos genuinamente de Engenharia Química; 3) a terceira, de 1980 a 2000, coincide com a fase de amadurecimento, em que houve leve desaceleração na taxa de criação dos cursos de graduação de Engenharia Química. Esse efeito é pronunciado à medida que no final do século XX se constatava a existência de 48 cursos de graduação em atividade no Brasil, no universo de 51 criados ao longo do século passado. Já os cursos de pós-graduação, nessa fase, experimentavam um processo de crescimento.

HISTÓRIA RECENTE

O Brasil apresentou uma industrialização tardia, em que muito das tecnologias empregadas em seus processos industriais foram importadas. Durante essa fase de importação, houve adaptações ou "recriações" de acordo com as necessidades e recursos locais, desencadeando um processo de aprendizagem localizado na própria empresa, como é o caso das petroquímicas (CARTONI, 2002). Cartoni (2002) menciona que na década 1980, tomou-se predominante, no Brasil, a noção de que a indústria deveria incorporar tecnologias de base microeletrônica e robotização. No caso das empresas petroquímicas, por exemplo, as empresas brasileiras (principalmente as nacionais) apresentavam, até o inicio dos anos 1990, uma estrutura bastante verticalizada e com práticas rígidas de organização do trabalho, o que incide em baixo comprometimento com o aprendizado tecnológico e a busca de domínio das tecnologias importadas, sendo a relação entre administração (ou engenharia) e produção marcada pela busca de controle do trabalho e não de integração técnica (CARTONI, 2002).

No plano das ações governamentais, dadas as incertezas sobre as políticas industriais, instabilidade econômica e a edição de sucessivos planos econômicos, foi somente no início dos anos 1990 que ocorreu uma transição efetiva para novos parâmetros de competitividade. No caso do setor petroquímico, por exemplo, desenvolveu-se plenamente a capacidade de operação das plantas importadas e, em algumas empresas, deram-se passos importantes no sentido da introdução de inovações incrementais de produto e processo (CARTONI, 2002).

D'Ávila (2001) salienta que, embora não seja tão aparente, havia uma invisível intercomunicação entre os dois sistemas, formação de mão de obra especializada e industrialização, os quais cresciam aparentemente de forma independente (veja as Figuras 7.5 e 9.2). É cabível que as universidades estivessem fornecendo mão de obra qualificada e em quantidade para atender a demanda do setor industrial. O

Brasil estava formando engenheiros para operarem tecnologias importadas e, quanto muito, adaptadas à realidade do país.

No que se refere à criação de cursos de graduação em Engenharia Química no Brasil, a primeira década no século XXI é caracterizada por uma mudança significativa: ao final da década, o número de cursos foi mais do que duplicado, conforme pode ser acompanhado pela inspeção da Figura 9.3. Ressalte-se que em 2013, o número atingiu 130 cursos, pouco mais do triplo do número de cursos existentes no início do século. Ao se tomar os números apresentados nas Figuras 9.1 e 9.3 (incluindo o ano de 2013), pode-se retomá-los na Figura 9.4.

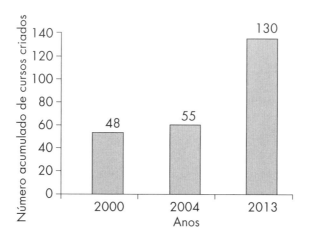

Figura 9.3 Total acumulado de criação de cursos de graduação em Engenharia Química na primeira década do século XXI.

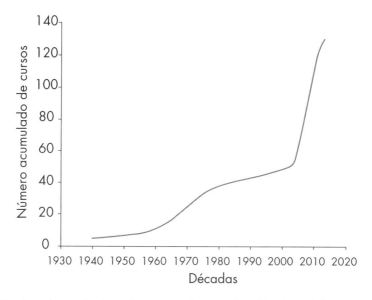

Figura 9.4 Curva de aprendizado relativo aos cursos de graduação em Engenharia Química.

A Figura 9.4 remete-nos à curva de aprendizagem apresentada na Figura 9.2. Verifica-se na Figura 9.4 uma mudança paradigmática no que se refere à criação de cursos. O período 1980-2000 corresponde a uma nova fase embrionária, caracterizada principalmente pelo aprendizado tecnológico e a busca de domínio das tecnologias importadas. A fase identificada à fase de crescimento, início da década de 2000, está muito mais relacionada a políticas públicas do que à rápida geração e absorção de novos conhecimentos.

O *boom* de crescimento de cursos de graduação em Engenharia Química está relacionado com alguns fatores que impulsionaram a criação de cursos de engenharia (em geral) no país, Figura 9.5. Uma das razões para tal fato foi a aprovação da LDB (Lei de Diretrizes e Bases) em 1996. Nessa nova lei, a resolução 48/76, que estabelecia o currículo mínimo dos cursos de engenharia, foi anulada. Dessa forma, sem determinadas exigências, foram criados muitos cursos, visto que a dificuldade para tal diminuiu. A média anual de criação de cursos de engenharia no país passou de 12 entre 1989 e 1996 para 78 entre 1997 e 2005 (OLIVEIRA, 2005). Além disso, em 2002, houve uma flexibilização no que é exigido em relação à organização e estrutura dos cursos pela resolução CNE/CES, que "institui diretrizes curriculares nacionais do curso de graduação em engenharia" (BRASIL, 2002). Tal flexibilização também contribuiu para o aumento no número de cursos de engenharia no país (OLIVEIRA, 2005).

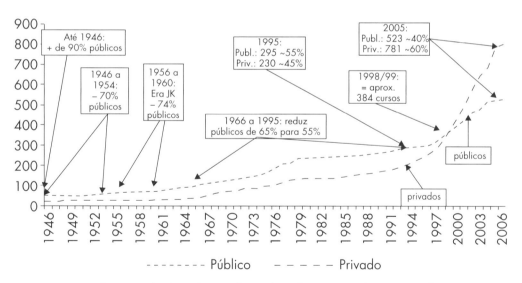

Figura 9.5 Crescimento do número de cursos de engenharia durante os anos (OLIVEIRA, 2005).

No período do governo Lula (2003-2010) houve a criação de várias Instituições de Ensino Superior Federal, o que impulsionou o aumento nos cursos de graduação em Engenharia. Por outro lado, o maior crescimento ocorreu no setor privado, como mostrado na Figura 9.5. O crescimento do número de cursos variou de estado para estado, sendo maior naqueles que apresentaram crescimento econômico diferenciado, como é o caso do estado do Amazonas, que recebera incentivos do governo para tanto. Pode-se citar também o maior crescimento nos estados de Sergipe, Espírito Santo e Bahia, em função da indústria do petróleo. Isso se refletiu na criação de novos cursos de Engenharia Química. Na Figura 9.6 é apresentada a distribuição de cursos de graduação e de pós-graduação na área de Engenharia Química por estado em 2013, enquanto a Figura 9.7 mostra tal distribuição (%) por região geográfica. A Tabela 9.1 apresenta os números de cursos de graduação e de pós-graduação na área de Engenharia Química no final do século XX e aqueles já no início da segunda década do século XXI.

Tabela 9.1 Números de cursos de graduação e de pós-graduação na área de Engenharia Química no Brasil.

Ano	Graduação	Mestrado	Doutorado
2000	48	18	9
2013	130	33*	18**

(*) Não estão incluídos três Programas de Mestrado Profissional.

(**) Além dos programas de pós-graduação em Engenharia Química propriamente ditos, estão incluídos os programas: Desenvolvimento de Processos Ambientais, Engenharia de Petróleo e Gás, Engenharia de Processos, Engenharia de Processos e Tecnologia, Engenharia de Processos Químicos e Bioquímicos, Processos Industriais, Tecnologia de Processos Químicos e Bioquímicos (fonte: CAPES, 2013).

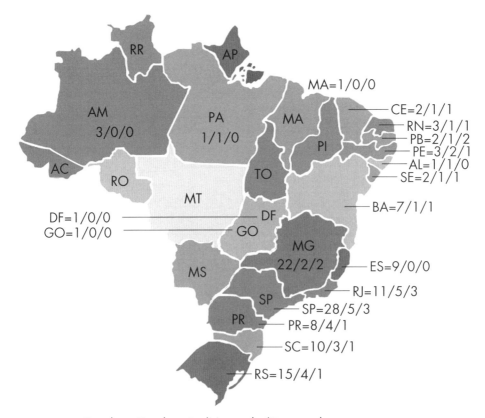

Estado = Graduação/Mestrado/Doutorado

Figura 9.6 Distribuição de cursos de graduação e de pós-graduação na área de Engenharia Química por estado em 2013.

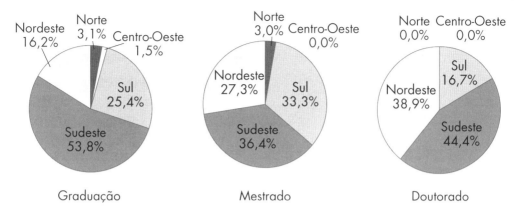

Figura 9.7 Cursos de graduação em Engenharia Química no Brasil por região (%) em 2013.

À semelhança da distribuição de plantas de produtos químicos de uso industrial (Figura 7.6), os cursos de Engenharia Química, graduação e pós-graduação, concentram-se nos Estados considerados centrais economicamente, notadamente no Sul e Sudeste do país (Figura 9.6). Por outro lado, a porcentagem de distribuição de cursos, Figura 9.7, é menos heterogênea quando comparada à de plantas de produtos químicos de uso industrial, Figura 7.7, principalmente em cursos de mestrado. O crescimento de cursos verificado na pós-graduação, Tabela 9.1, é decorrência muito mais de esforços de docentes dos cursos de graduação para o desenvolvimento de suas pesquisas e para atender à formação de docentes necessária aos cursos de graduação do que, necessariamente, para atender às necessidades da Indústria Química, principalmente no que se refere à inovação tecnológica em processos e/ou produtos. A duplicação do número de cursos de doutorado é fruto do estabelecimento de cursos de mestrado. Ao se incluir, por exemplo, os números de cursos de pós-graduação em Engenharia Química, relativos ao ano 2013 na Figura 9.2, constatar-se-á uma fase de crescimento quanto à curva de aprendizado, caracterizada pela rápida geração e absorção de novos conhecimentos, em que se observa o acelerado crescimento dos cursos de pós-graduação em Engenharia Química. Ou seja, no início do século XXI não se verificou uma mudança paradigmática análoga ao que aconteceu com os cursos de graduação.

É importante destacar a relação entre o crescimento do faturamento do setor químico (Figura 7.8) e o crescimento notável dos cursos de graduação de Engenharia Química reportado na Tabela 9.1, conforme apresentado na Figura 9.8. Todavia não se pode afirmar que essa foi a principal razão da criação de novos cursos, uma vez que houve um crescimento ainda maior e preocupante do déficit da balança comercial de produtos químicos, conforme pode ser observado pela inspeção da Figura 9.1.

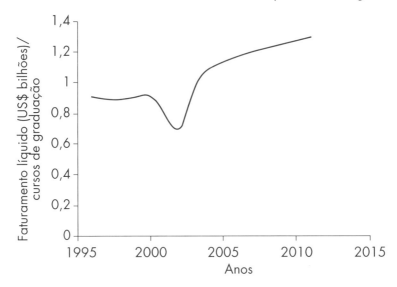

Figura 9.8 Relação entre o faturamento do setor químico nacional e o número de cursos de graduação em Engenharia Química no Brasil: 1996-2011.

A Indústria Química brasileira no início do século XXI não foi capaz de atender completamente à demanda interna, lançando mão de importações e, por consequência, mantendo tecnologias previamente importadas sem, contudo, exportar de modo significativo produtos de alto valor agregados (veja o Quadro 7.3), como é o caso das especialidades químicas e fármacos enantioméricos, por exemplo.

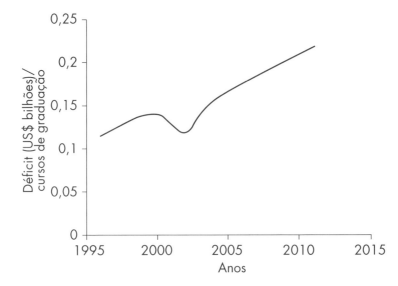

Figura 9.9 Relação entre o déficit do setor químico nacional e o número de cursos de graduação em Engenharia Química no Brasil: 1996-2011.

Saliente-se que na produção de tais produtos químicos está envolvido um alto grau de inovação. Neste caso, a percepção de que o processo de inovação não é resultado imediato e exclusivo de investimentos em pesquisa e desenvolvimento, mas algo socialmente construído pelos atores envolvidos. O caminho para o desenvolvimento da capacidade de desenhar novos produtos e processos não ocorre de forma isolada em uma organização, mas envolve as trocas entre os atores e sua interação com a tecnologia empregada (CARTONI, 2002). Tais atores, por sua vez, e tendo em vista o alto grau de especialização, advêm de cursos de pós--graduação. A mudança paradigmática que se espera, portanto, é que os mestres e doutores migrem da academia para a indústria.

CONCLUSÃO

Roberto Simonsen (1889-1948), importante pensador brasileiro na área econômica, já defendia, desde as décadas 1930 e 1940, a industrialização como uma das forças motrizes para o desenvolvimento do país em conjunto com a criação de mão de obra qualificada para atuar no setor. Tais premissas permaneceram após a morte de Simonsen e podem ser verificadas nos pressupostos contidos no Grupo Executivo da Indústria Química (Geiquim), em 1964, e mesmo nos compromissos da Indústria Química propostos pela Abiquim em 2010. São preocupações perenes diretamente associadas à Engenharia Química.

A Engenharia Química é uma atividade em constante mutação, alimentando e alimentando-se de inovações científicas e tecnológicas as quais passam, necessariamente, pelo meio acadêmico e setor produtivo, salientando – nitidamente – a parceria necessária entre os setores. Percebe-se que a partir da década de 1960 e, em particular, com os eventos ocorridos na década de 1970, é que se tem a consolidação da Engenharia Química no Brasil. Por outro lado, o início do século XXI aponta claramente um novo cenário: ainda que tenha havido a triplicação de cursos de graduação e a duplicação de cursos de pós-graduação, quando se comparam informações colhidas em 2013 com aquelas de 2000, o déficit da balança comercial do setor químico brasileiro mais do que quadruplicou no mesmo período, além de haver fortes indícios de desindustrialização na segunda década do século XXI. Urge, portanto, que a formação de recursos humanos venha a ser direcionada também para atuar em Pesquisa e Desenvolvimento dentro das próprias empresas no sentido de aperfeiçoar processos e/ou produtos, provocando a tão sonhada independência tecnológica do Brasil, com responsabilidade e compromissada com o bem-estar de tudo e de todos.

BIBLIOGRAFIA CONSULTADA

BRASIL. Decreto nº 55.759, de 15 de fevereiro de 1965. Institui estímulos ao desenvolvimento da Indústria Química e dá outras providências. **Diário Oficial da União**, Brasília, DF, 17 fev. 1965. Seção 1, p. 1937.

BRASIL. Ministério da Educação. Conselho Nacional de Educação. Câmara de Educação Superior. Resolução CNE/CES 11/2002, de 11 de março de 2002. Institui diretrizes curriculares nacionais do curso de graduação em Engenharia. **Diário Oficial da União,** Brasília, DF, 9 abr. 2002. Seção 1, p. 32.

CANTANHEDE, O. O engenheiro criativo. In: CONGRESSO BRASILEIRO DE ENSINO DE ENGENHARIA, 22. **Anais...** Porto Alegre, 1994. p. 671-673.

CAPES – COORDENAÇÃO DE APERFEIÇOAMENTO DE NÍVEL SUPERIOR. Disponível em: <http://conteudoweb.capes.gov.br/conteudoweb/ProjetoRelacaoCursos Serv let?acao=pesquisarArea&codigoGrandeArea=30000009&descricaoGrandeArea=ENGE NHARIAS+>. Acesso em: 16 abr. 2013.

CARTONI, D. M. **Organização do trabalho e gestão da inovação**: estudo de caso numa indústria petroquímica brasileira. Dissertação de Mestrado. Campinas: Unicamp, Instituto de Geociências, 2002.

d' ÁVILA, S. G. ENBEQs: Uma análise dos resultados e propostas de novos rumos. In: ENCONTRO BRASILEIRO SOBRE O ENSINO DE ENGENHARIA QUÍMICA, 9. **Anais...** Poços de Caldas, 2001. p. 3-23.

GARCEZ, B. N. **O Mackenzie**. São Paulo: Casa Editora Presbiteriana, 1970.

HABERT, C. Coppe e tecnologia: sucessos e desafios. **Folha de S. Paulo**, São Paulo, 5 maio 2003.

MORI, M.; MAEGAVA, L. Introdução. In: ENCONTRO BRASILEIRO SOBRE O ENSINO DE ENGENHARIA QUÍMICA, 5. **Anais...** Campinas, 1993. p. v-xvii.

OLIVEIRA, V. F. Crescimento, evolução e o futuro dos cursos de engenharia. **Revista de Ensino de Engenharia**, Brasília, DF, v. 24, n. 2, p. 3-12, 2005.

SUZIGAN, W. **Indústria brasileira**: origem e desenvolvimento. Campinas: Hucitec: Editora da Unicamp, 2000.

THOBER, C. W. A.; GERMANY, C. J. Engenharia Química: uma perspectiva da profissão no Brasil. In: CONGRESSO BRASILEIRO DE ENGENHARIA QUÍMICA, 9. **Anais...** Salvador, 1992. p. 423-430.

VANIN, J. A. Industrialização na área química. In: MOTOYAMA, S. (Org.). **Tecnologia e Industrialização no Brasil.** São Paulo: Editora da Unesp, 1994.

CAPÍTULO 10

ENGENHARIA QUÍMICA RESPONSÁVEL

Poluição de rios, cujas águas abastecem cidades, atemoriza populações ribeirinhas. Degelo de calotas polares devido à emissão de gases na atmosfera que põe em risco a vida no planeta. Aviões que despencam e lançam almas para o céu, enquanto corpos são tragados pela fome do mar. A questão que aflora é: até onde se estende a responsabilidade do engenheiro em tais catástrofes? O século passado e o início deste foram e são marcados, notadamente, pela formação técnica dos profissionais de engenharia, cujo objeto de aplicação de seu trabalho é o de atender às necessidades da organização à qual está vinculado, a despeito das consequências para o restante dos *stakeholders*, principalmente a sociedade civil e o meio ambiente (CREMASCO, 2009). Em face das possibilidades inteiramente novas da tecnologia, uma nova ética torna-se necessária e diz respeito ao futuro da própria Terra, de modo a preservar o presente para que haja o futuro, para o qual é imprescindível a formação do engenheiro socialmente responsável. Para tanto, e na intenção de contextualizar a expectativa da sociedade em relação à formação desses profissionais, urge resgatar princípios que norteiam a responsabilidade social, para que sirvam de norte a uma bússola quase desgovernada que se arvora à nossa frente.

Por mais óbvio que possa parecer, não é forçoso dizer que o engenheiro químico, antes de ser um engenheiro, é uma pessoa. Contudo, com o tempo e o exercício constante da profissão, ele acaba sendo – também – moldado pela Ciência e Tecnologia. É importante, aqui, resgatar o pensamento de Skinner (2000) em que menciona: "A ciência é mais que a mera descrição dos acontecimentos à medida que ocorrem. É uma tentativa de descobrir ordem, de mostrar que certos acontecimentos estão relacionados com outros. Nenhuma tecnologia prática pode basear-se na ciência até que essas relações tenham sido descobertas. Não se pode aplicar os métodos da ciência em assuntos que se presumem ditados pelo capricho. A ciência não só descreve, ela prevê. Trata não só do passado, mas também do futuro. Nem é previsão sua última palavra: desde que as condições relevantes possam ser alteradas, ou de algum modo controladas, o futuro pode ser manipulado. É característica da ciência [...], que qualquer falta de honestidade acarreta imediatamente desastre. Os cientistas descobriram que ser honesto, consigo mesmo tanto com os outros, é essencial para progredir".

Ao encontrarmos Skinner, nos deparamos com três atores: Ciência, Tecnologia e Honestidade. A Ciência e a Tecnologia decorrem do conhecimento e da sua aplicação, respectivamente, as quais podem ser treinadas, aperfeiçoadas com o tempo. Por outro lado, a Honestidade – valor moral básico – é inerente à pessoa. Desse modo, a Engenharia Química que o mundo precisa deve centrar-se na expectativa da sociedade em relação às dimensões de responsabilidades do seu profissional, quais sejam: individual, técnica, legal, ética e social, contextualizadas por sua vez em suas habilidades técnica, humana e conceitual (veja a Figura 1.1) para, além de contribuir para o aprimoramento e desenvolvimento da humanidade, conservar a vida em toda a sua amplitude.

A RESPONSABILIDADE INDIVIDUAL

Não é difícil ter a falsa impressão de que as organizações são entes físicos dotadas de alma. Algumas delas transmitem tal sensação ao confundir valores individuais de seus dirigentes com os institucionais por imposição dos próprios princípios. Todavia, o mundo não é feito tão somente por seres humanos, apesar de naquele residir fundamentalmente a sobrevivência desses, a qual se dá sobretudo por conservação de valores morais, a despeito do império daqueles econômicos. Morris (2000) menciona que o futuro dos negócios exige a compreensão das necessidades universais, contidas na natureza humana, e dependem fortemente do espírito das pessoas envolvidas, as quais precisam de certa dose de verdade, beleza, bondade e unidade em sua experiência diária de trabalho, levando-as a alcançar as raízes profundas da motivação humana.

A responsabilidade individual passa, primeiro e necessariamente, pela reflexão de valores essenciais de cada um, tais como: ética, honestidade, verdade e respeito. A partir de então e compromissado com ações proativas deve-se respeitar qualquer diferença que possa existir no outro, ainda que o outro não seja da sua espécie. O futuro, na ponta no nariz, está nos dizendo: "multifaceteia-te" para poder conhecer o outro e resgatar, com isso, a máxima délfica "conheça-te a ti mesmo".

A ÉTICA NECESSÁRIA

O mundo atual tendeu para a supervalorização do dinheiro, para a superestima ao poder e para a incerteza sobre as condutas, dilapidando princípios morais, mas nada disso altera a essência da virtude nem a doutrina ética em seus axiomas (ROBBINS, 1996). Um dos grandes desafios do século XXI, portanto, é a recuperação da Ética como elemento norteador da conduta humana. Pensar e agir são prerrogativas do ser humano. Pensar bem e agir bem são características da pessoa ética (ARRUDA, 2002). Ser ético é ser bom, certo, justo, honesto, reto, correto, verdadeiro, paciente, tolerante, generoso, sábio, caridoso, filantropo, solidário, leal, equânime, responsável, íntegro. Se o ser ético é o perfeito, a busca para sê-lo, por si só, é ética (CREMASCO; CREMASCO, 2002a).

A vitória do egoísmo parece ainda vigorar e a sua reversão não parece ser fácil diante da desmassificação que se tem promovido, propositadamente, para a conservação de grupos dominantes no poder (ROBBINS, 1996). É visível, portanto, a urgência de se retomar a questão da Ética que, hoje, transcende a definição de ser nada mais do que a conduta desejada para vivermos em harmonia (LIMA, 1999), para ser a condição básica para a sobrevivência do ser humano (CREMASCO; CREMASCO, 2002b).

Apesar de a filosofia estoica, largamente aceita na sua concepção conceitual em nos apresentar a Ética como uma conduta relativa à realidade de cada época, portanto, mutável (ROBBINS, 1996), é importante, hoje, mais do que nunca, resgatar o princípio clássico de Ética: o que se deve buscar para que se sinta e se pratique o *bem*, o qual pode ser lido como aquilo que não prejudica o ser e nem a terceiros, e que seja *bom*, isto entendido como tudo quanto mantém a vida, tudo o que a favorece, tudo que a faz crescer, em contrapartida a *mau*, que se refere a tudo aquilo que destrói a vida, que a danifica ou que a impede de desenvolver-se (CREMASCO; CREMASCO, 2002b). Enfim, princípios construtivos e positivos que extrapolam as aspirações do indivíduo, pois o sentimento social é um imperativo na construção de princípios éticos e estes são incompreensíveis sem aquele (ROBBINS, 1996), e da raça humana, para ser uma meta universal, em toda a extensão do que vem a ser universal.

ÉTICA EMPRESARIAL E A RESPONSABILIDADE INTERNA DAS ORGANIZAÇÕES

Nenhuma discussão sobre tomada de decisão é completa sem a inclusão da Ética, pois atualmente há o aumento da sensibilidade social por uma compatibilização entre as atividades empresariais, o meio ambiente e a sociedade. Ou seja, a característica básica de uma empresa cidadã, para a qual a responsabilidade social é o objetivo social da empresa somado à sua atuação econômica (OLIVEIRA, 2002). Não nos devemos esquecer que as pessoas jurídicas são feitas por pessoas físicas, pois não existem organizações por si sós, o que existem são pessoas que fazem uma organização. Assim sendo, a Ética da organização e, portanto, Empresarial, passa – necessariamente – pela Ética das pessoas que a compõem em uma rede de relações, envolvendo os *stakeholders* (veja a Figura 2.1).

No domínio dos *stakeholders*, há um público que continua sendo posto à margem das reflexões: as relações das organizações com o trabalho, com o desemprego e com os empregados. Aqui ressaltamos a importância das obras de Hirigoyen (2002) sobre assédio moral, o qual consideramos ser, junto com o trabalho, um dos pilares para o entendimento e aprimoramento da Ética Empresarial, mesmo porque, como apontado por essa autora, as empresas não podem ignorar o ser humano e esquecer a sua dignidade. O desempenho de uma empresa é indissociável do cuidado que a direção tem com o bem-estar de seus empregados. Os desvios que permitem a ocorrência de assédio moral, por exemplo, não são uma fatalidade, e as organizações têm tudo a ganhar saneando seus métodos de administração. Estudos empíricos mostram que as empresas que apoiam suas estratégias de negócios em sólidos fundamentos éticos possuem mais potencial de lucros que as unicamente voltadas a alcançar esses lucros (ARRUDA, 1989). Como bem posto por essa autora, a Ética significa a sobrevivência das organizações.

A emergência de uma exigência ética nas organizações faz precisamente com que as responsabilidades política, cívica, ecológica e psíquica sejam cada vez mais asseguradas, não porque o dinamismo da organização exige, mas porque é impossível, a quem quer que seja, ignorá-las, sob o risco de ver triunfar unicamente o cinismo perverso (ENRIQUEZ, 1997). Há, como salientado por Arruda, Uono e Allegrini (1996), uma mentalidade bastante difundida no mundo empresarial, de que a ciência e a técnica seriam totalmente estranhas às verdades últimas referentes ao ser humano e à sua vida, servindo apenas de instrumentos de qualificação profissional. E este é um paradigma a ser mudado, pois os Fundamentos da Engenharia Química (veja o Capítulo 3), por exemplo, enquanto habilidades técnicas, estão no contexto da habilidade conceitual, a qual é fundamental para o mundo empresarial. Ignorar isso é viver no passado, obstruído pela cegueira da ignorância.

A ÉTICA NA ENGENHARIA QUÍMICA

Mencionou-se no Capítulo 8 que a Indústria Química moderna teve o seu sopro vital no movimento mundial conhecido como a Revolução Industrial. Além de ser um marco divisório nas relações de trabalho, principalmente com o nascimento do maquinismo como força motriz à produção em massa, a Revolução Industrial alterou comportamentos por meio do distanciamento entre as pessoas. O que era regido por contato entre mentor e pupilo passou a ser intermediado pela máquina, gerando a distância da habilidade humana para aumentar a importância da habilidade técnica, deixando o ser humano como simples elemento da própria produção. Desse modo, pode-se ressaltar três importantes aspectos, interligados, característicos do moderno processo de industrialização:

- advento da máquina em substituição ao ser humano e a consequente perda em relação à habilidade humana de inter-relacionamento; muitos trabalham sem condições mínimas para tal, para lucros de poucos;
- aumento do poder econômico de poucos com o aumento da escala de produção. Produzir mais, gastar de menos;
- nascimento e crescimento de indústrias de transformação e o consequente aumento da utilização de combustíveis fósseis para gerar energia o suficiente e assim aumentar a produção.

Tais aspectos dão corpo a uma "química" explosiva: dinheiro com produção em massa associado à falta de respeito para com as relações humanas. A ausência de controle de um desses parâmetros foi essencial para gerar o sentimento negativo associado a qualquer Indústria Química, que, após a Segunda Guerra Mundial, é vista como um monstro que, ao eliminar as suas fezes, contamina o solo; ao eliminar a sua urina, contamina as águas; ao expelir a sua respiração, contamina o ar. Esta é uma imagem feita a partir apenas do ponto de vista técnico, pois sob o ponto de vista humano, esse monstro alimenta-se dos seres humanos e de toda a natureza, para assim eliminá-los como rejeitos poluidores seja nas fezes, na urina ou no ar que expele (CREMASCO; CREMASCO, 2002c).

A responsabilidade ética da Engenharia Química nasce da reflexão sobre Ética em si, vendo-a sob o certo e o errado, podendo-se considerar antiético tudo aquilo que pode causar algum tipo de mal ou dano às pessoas (FERRELL; FRAEDRICH; FERRELL, 2001). Todavia, pode-se estender esse conceito ao meio que cerca as pessoas, tirando-as do lugar cômodo de centro do mundo, para dele fazerem parte, bem como lhes imputando a responsabilidade de preservarem a vida, em toda a sua extensão, seja dentro de uma organização, seja fora dela.

A RESPONSABILIDADE SOCIAL EMPRESARIAL

A preocupação com a Ética e, de modo mais focalizado, com ética nas empresas, pode ser considerada uma imposição decorrente da ruína dos sistemas de valores criados e cultivados pelo modernismo, desaparecendo a confiança cega na técnica e no progresso sem limites (MIGLIACCIO FILHO, 1994). Para construir um novo ser humano, a empresa deve ser cidadã, ou seja, conduzir ações que favoreçam a inserção dos indivíduos no interior do corpo social. A empresa também está obrigada à cooperação e/ou à solidariedade para com as pessoas, isto é, além do seu próprio interesse, ela deve buscar o bem comum (LEISINGER; SCHMITT, 2001).

Vários estudos mostram que as empresas que apoiam suas estratégias de negócios em fundamentos éticos sólidos possuem mais potencial de lucros quando comparadas com aquelas voltadas somente para alcançar esses lucros (ARRUDA, 1989). Um estudo feito com as quinhentas maiores empresas de capital aberto dos Estados Unidos, mencionado por Ferrell, Fraedrich e Ferrell (2001), mostrou que aquelas que assumem compromisso com conduta ética ou enfatizam o cumprimento do seu código de ética têm melhor desempenho financeiro. Tais resultados fornecem prova robusta de que o interesse das empresas por conduta ética está se tornando parte do seu planejamento estratégico para obter rentabilidade máxima. A cidadania ética está positivamente ligada ao retorno de investimentos, ao retorno dos ativos e ao crescimento de vendas. Assim sendo, o engenheiro pode atuar de modo transformador, aliando técnica à visão humanista. Para tanto, é possível lançar mão de princípios relativos à responsabilidade social e, devido à atuação do engenheiro estar ligada aos negócios das organizações, a cargos de liderança e de tomada de decisão, é essencial o conhecimento da Responsabilidade Social Empresarial (CREMASCO, 2009).

A pedra fundamental para o estudo do assunto sobre Responsabilidade Social, de acordo com Oliveira (2002), foi o lançamento do livro *Responsabilities of businessman*, de Howard Bowen, em 1953. Bowen (1957) define Responsabilidade Social como as obrigações dos homens de negócio de adotar orientações, tomar decisões e seguir linhas de ação que sejam compatíveis com os fins e valores da sociedade. Contudo, houve um período em que estudiosos argumentavam que cabiam ao governo, às igrejas, aos sindicatos os suprimentos das necessidades comunitárias por meio de ações sociais organizadas, e não às corporações, que precisavam satisfazer os acionistas; ou seja, "o negócio do negócio é o negócio". Contrariamente a autores como Milton Friedman e mais perto da conceituação de Bowen (1957), Melo Neto e Froes (2001) defendem que a Responsabilidade Social de uma empresa consiste na sua decisão de participar mais diretamente nas ações comunitárias na região em que está presente e minorar possíveis danos ambientais decorrentes de sua atividade. Por outro lado, segundo Miranda (2002), a Responsabilidade Social é um modelo de gestão que vai muito além da lei e da simples filantropia, pois há empresas que realizam ações informais consideradas necessárias por seus dirigentes, sem distinguir filantropia de responsabilidade social (TOLDO, 2002).

Uma empresa não pode se considerar socialmente responsável apenas por cumprir benefícios legais, como a distribuição de vale-transporte, creche para filhos dos funcionários etc. (MIRANDA, 2002). A empresa socialmente responsável deve ir além dos limites impostos pela legislação. Bueno et al. (2002) consideram que a Responsabilidade Social é um valor a ser incorporado pela cultura da empresa, na qual a Ética é a base da relação com todos os seus públicos.

Por meio desse rápido apanhado sobre Responsabilidade Social Empresarial (RSE), são observados os aspectos econômico, legal, ético e filantrópico. Essas características estruturam o modelo de Carroll (1999), para o qual a responsabilidade social dos negócios engloba expectativas econômicas, legais, éticas e discricionárias que a sociedade tem da organização. O autor representou o seu modelo para RSE na pirâmide da Responsabilidade Social Corporativa (Figura 10.1).

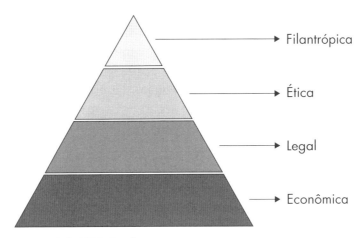

Figura 10.1 Pirâmide da RSE de Carroll.

Na estrutura ilustrada na Figura 10.1, a RSE é vista sob diversos padrões de responsabilidades, que surgem da expectativa da sociedade, da base para o topo da pirâmide, em relação à organização. Tais responsabilidades são assim descritas (CREMASCO, 2009):

Responsabilidade econômica. A sociedade espera que as empresas produzam lucros. As empresas têm responsabilidade de natureza econômica, pois primeiramente a instituição dos negócios é a unidade econômica básica da sociedade e, como tal, tem a responsabilidade de produzir bens e serviços que a sociedade deseja.

Responsabilidade legal. A sociedade espera que as empresas obedeçam às leis, para ter acesso a produtos que tenham padrões de segurança e obedeçam a regulamentações ambientais estabelecidas pelo governo. Deve-se lembrar que leis advêm de políticas públicas e formam o ambiente legal e institucional no qual os negócios operam.

Responsabilidade ética. A sociedade espera que as tomadas de decisões por parte das empresas sejam resultados de análise e reflexão ética, exigindo que as tomadas de decisões sejam feitas considerando-se os efeitos das ações, honrando o direito dos outros, cumprindo deveres e evitando prejudicar os outros. Esta responsabilidade também inclui a procura da justiça e equilíbrio nos interesses dos *stakeholders*.

Responsabilidade filantrópica. A sociedade espera que a empresa contribua com recursos para a comunidade, visando à melhoria da qualidade de vida. A filantropia empresarial consiste nas ações discricionárias tomadas pela administração das empresas em resposta às expectativas sociais e representa os papéis voluntários que os negócios assumem onde a sociedade não provê uma expectativa clara e precisa como nos outros componentes.

Carroll (1999) esclarece que as dimensões apresentadas na Figura 10.1 não implicam uma sequência ou estágios de desenvolvimento da RSE. Vislumbra-se na proposta de Carroll a possibilidade de as empresas atenderem às necessidades dos *stakeholders*, principalmente às dos atores que dependem dos resultados produtivos e das ações sociais das organizações. Para tais atores, é fundamental o produto de qualidade, produzido com segurança sem que haja degradação do meio ambiente, com respeito aos colaboradores (lê-se empregados), dentro de comportamento ético e seguindo a legislação. A questão do lucro, apesar de fundamental para a empresa, não deve se limitar aos interesses dos acionistas, pois o principal questionamento por parte da sociedade é o preço desse lucro, sob a égide da responsabilidade ética, assim como saber se o valor gasto com marketing para divulgar ações de responsabilidade social é maior ou menor do que a própria ação social (CREMASCO, 2009).

O NOVO PROFISSIONAL DE ENGENHARIA QUÍMICA

O engenheiro é partícipe da organização e diretamente responsável por diversos níveis de responsabilidade. Não se pode mais vê-lo como um projetista, gerente de produção ou de processo. Esse profissional deve estar cônscio de suas ações pessoais e profissionais. Torna-se evidente, portanto, que a formação do engenheiro não deve ser pautada somente na técnica. Ele deve desenvolver habilidades como aquelas ilustradas na Figura 1.1. O futuro engenheiro, além de estar em sintonia e concordância com as crenças, valores, missão e visão da organização a qual pertence, deve estar atento que as consequências de seus atos afetam a todos os *stakeholders*. A sociedade, por conseguinte, acaba por esperar as seguintes características do engenheiro (CREMASCO, 2009):

- consciência de que ações pessoais, técnicas e gerenciais afetam a vida das pessoas e do meio que as cerca (direta e indiretamente);
- desenvolvimento e aprimoramento de valores morais, pois somente a determinação das pessoas de agir com ética pode garantir o comportamento ético de uma organização;
- conhecimento da lei (trabalhista, ambiental) e de normas reguladoras (Atuação Responsável, ISOs 9000 e 14000, SA8000);
- envolvimento proativo na comunidade, usando, ou não, as suas habilidades técnicas e conceitual.

Engenharia Química Responsável

Pode-se propor um modelo, conforme ilustra a Figura 10.2, no qual se resume a expectativa da sociedade em relação ao engenheiro, tendo como base as habilidades necessárias para o seu desempenho profissional (Figura 1.1), em consonância com a responsabilidade social inerente à sua profissão, inspirado no modelo de Carroll (Figura 10.1).

Figura 10.2 Dimensões de habilidades e responsabilidades para o engenheiro químico (CREMASCO, 2009).

Responsabilidade individual. A sociedade espera que o profissional tenha e exerça os seus valores pessoais com efetividade, eficiência e eficácia.

Responsabilidade técnica. A sociedade espera que o profissional seja capacitado a absorver e aplicar Ciência e Tecnologia bem como desenvolver novas tecnologias inovativas, estimulando a sua atuação crítica e criativa na identificação e solução de problemas, considerando os aspectos sociais, ambientais e culturais, com visão ética e humanística, em atendimento às demandas da sociedade.

Responsabilidade legal. A sociedade espera que as atividades desse profissional produzam serviços (processos e/ou produtos) que tenham padrões de segurança e obedeçam às leis trabalhistas e ambientais estabelecidas pelo governo.

Responsabilidade ética. A sociedade espera que as tomadas de decisões por parte desse profissional venham ser resultado da análise e reflexão ética, exigindo que as tomadas de decisões sejam feitas considerando-se os efeitos das ações, honrando o direito do outro, cumprindo deveres e evitando prejudicar o outro interno e externo à organização, fundamentado no respeito aos valores morais, por meio do exercício constante da sua habilidade humana.

Responsabilidade social. A sociedade espera que esse profissional, enquanto dotado de decisão estratégica na empresa e ciente das suas habilidades técnica e conceitual, faça-a contribuir com recursos para a comunidade, visando à melhoria da qualidade de vida.

Ao estabelecer tais requisitos e comungá-los com as habilidades desejadas ao engenheiro químico (veja a Figura 1.1), pode-se construir um modelo, o qual poderíamos denominar "hábil responsável", dentro do qual há elementos de responsabilidade social para atender às expectativas do público no seu entorno em um ambiente socialmente responsável.

CONCLUSÃO

A partir do instante em que o profissional de Engenharia Química esteja ciente de sua responsabilidade social, as suas ações tornam-se proativas na organização, principalmente quando esse profissional se vê em cargos de decisões. Nesse aspecto, a Responsabilidade Social, em particular a Empresarial, é vista como uma oportunidade de gestão que possibilita mudanças construtivas e proativas na cultura das empresas, bem como na própria formação do engenheiro. É importante ressaltar que a responsabilidade ética da engenharia nasce da reflexão sobre a ética em si, vendo-a como o certo e o errado, podendo-se considerar antiético tudo aquilo que pode causar algum tipo de mal ou dano às pessoas e ao meio que as cerca, tirando-as do lugar cômodo de centro do mundo para dele fazerem parte, bem como lhe imputando a responsabilidade de preservar a vida, em toda a sua extensão, seja dentro de uma organização, seja fora dela.

A Responsabilidade Social pode ser pensada como um caminho de gestão a ser avaliado com serenidade e seriedade, pois as organizações são feitas por pessoas em que os resultados de suas ações não refletem, necessariamente, nelas próprias. Tanto as organizações quanto as pessoas diretamente relacionadas a tais organizações são detentoras de decisões e têm a obrigação de não fechar os olhos às responsabilidades que lhe são imputadas. Entre tais profissionais, os engenheiros exercem papéis cruciais.

A ética na engenharia não é restrita à técnica. Não basta simplesmente desenvolver produtos e/ou processos que minimizem a poluição do meio ambiente. Não basta ser técnico, tem de ser humano para entender as necessidades básicas de sobrevivência. Aqui, é possível tomar a reflexão de Lima (1999), que diz que é preciso ser ético porque a coletividade busca a melhoria contínua, que só é obtida mediante um comportamento sadio e construtivo. Ser ético significa ter consciência dos procedimentos permitidos e refutados pela sociedade, dando exemplo de conduta positiva.

Não basta, portanto, desenvolver a técnica com a finalidade de resolver problemas técnicos para atender apenas ao lucro parasitário de algumas organizações. É preciso ter ética técnica para fomentar a reflexão humanista, preservando-se dos dilemas e confiando no princípio de justiça. Neste caso, pode-se mencionar que a diferença entre técnica e ética técnica é que a técnica esgota-se em si mesma, não justificando qualquer efeito ético. Já a ética técnica visa ao bem

Engenharia Química Responsável

e ao bom sem prescindir, por sua vez, da técnica, pois sem isso não teria nenhuma função. Em suma, a ética técnica tem consciência do êxito técnico-científico, incluindo o econômico. A diferença entre uma e outra está no alcance do pensar e do agir (CREMASCO, 2009).

Leisinger e Schmitt (2001) nos chamam a atenção quando mencionam que, como é a vida econômica que confere à sociedade a sua marca e a sua estrutura, as organizações têm uma imensa responsabilidade cultural ética, cujo elemento essencial se encontra em uma sociedade mais humana. Uma vez que só uma sociedade que busca os objetivos éticos pode participar em plena medida do progresso material e controlar seus perigos, as organizações possuem a responsabilidade de preservar a moral da sociedade por meio do próprio exemplo.

O milênio que se inicia, principalmente depois de 11 de setembro de 2001, aponta para a necessidade da compreensão do que é ser humano. O império do fanatismo não pode continuar sobrepondo-se à ética. Conforme nos alerta Enriquez (1997), os seres humanos e sociais não são somente responsáveis pelas gerações futuras, pelo peso de suas ações presentes, mas também pela maneira como eles tratam o passado, como registram a história, aceitam-na e deformam-na. De igual forma, não adianta estar sensibilizado e conhecer fundamentos de ética, aumentando pressuposta erudição. O desafio, em si, é exercê-la como parte integrante e decisória da técnica, pois foram necessários 20 mil anos para a humanidade absorver a Revolução Agrícola e 250 anos para absorver a Revolução Industrial. Atualmente, a humanidade absorve na mesma geração os resultados de qualquer Revolução em curso... e ainda repousa no juízo de Salomão, sempre à espera que o rio de Heráclito não se repita, principalmente com as tragédias anunciadas (CREMASCO, 2009).

É fundamental a busca da compreensão das dimensões estabelecidas na Figura 10.2 por meio da urgência para atender às diversas necessidades relacionadas às atividades do engenheiro químico. Não é difícil, portanto, perceber que a natureza da Engenharia Química transcende ao aspecto técnico, pois o seu profissional, além de ser responsável por aquilo que desenvolve (produto e/ou processo), deve ter uma formação que o permita gerenciar diversos aspectos, principalmente o humano. O engenheiro químico que se precisa para o século XXI é um ser hábil, responsável e compromissado com o bem-estar de todos.

BIBLIOGRAFIA CONSULTADA

ARRUDA, M. C. C. A ética nos negócios. **Revista de Administração de Empresas**, São Paulo, v. 29, n. 3, p. 73-80, 1989.

ARRUDA, M. C. C. **Código de ética.** São Paulo: Negócio Editora, 2002.

ARRUDA, M. C. C.; UONO, A.; ALLEGRINI, J. Os padrões éticos da propaganda na América Latina. **Revista de Administração de Empresas,** São Paulo, v. 36, n. 1, p. 21-27, 1996.

BOWEN, H. R. **Responsabilidades sociais dos homens de negócio.** Rio de Janeiro: Civilização Brasileira, 1957.

BUENO, E. L. et al. A responsabilidade social e o papel da comunicação. In: **Responsabilidade social das empresas.** São Paulo: Peirópolis, 2002.

CARROLL, A. B. Corporate Social Responsability. **Business and Society,** Chicago, v. 38, n. 3, p. 268-295, 1999.

CREMASCO, M. A. A responsabilidade social na formação de engenheiros. In: **Responsabilidade Social das Empresas:** a contribuição das universidades. São Paulo: Peirópolis, 2009. [v. 7].

CREMASCO, M. A.; CREMASCO, S. B. R. Educação tecnológica humanista. In: INTERTECH. **Anais...** Santos, 2002. CD-ROM.

CREMASCO, S. B. R.; CREMASCO, M. A. Sobre ética empresarial. In: CONGRESSO BRASILEIRO DE ENSINO DE ENGENHARIA, 30. **Anais...** Araraquara, 2002b. CD-ROM.

CREMASCO, M. A.; CREMASCO, S. B. R. Impacto ético na Engenharia Química. In: **Anais do XXX Congresso Brasileiro de Ensino de Engenharia.** Araraquara, 2002c. CD-ROM.

ENRIQUEZ, E. Os desafios éticos nas organizações modernas. **Revista de Administração de Empresas,** São Paulo, v. 37, n. 2, p. 6, 1997.

FERRELL, O. C.; FRAEDRICH, J.; FERRELL, L. **Ética empresarial.** 4. ed. Trad. R. Jungmann. Rio de Janeiro: Reichmann & Affonso, 2001.

HIRIGOYEN, M-F. **Mal-estar no trabalho.** Trad. R. Janowitzer. Rio de Janeiro: Bertrand do Brasil, 2002.

LEISINGER, K. M.; SCHMITT, H. **Ética empresarial.** Trad. C. A. Pereira. Petrópolis: Vozes, 2001.

LIMA, A. O. R. **Ética global.** São Paulo: Iglu, 1999.

MELO NETO, F. P.; FROES C. **Gestão da Responsabilidade Social Corporativa:** o caso brasileiro. Rio de Janeiro: Qualitymark, 2001.

MIGLIACCIO FILHO, R. Reflexões sobre o homem e o trabalho. **Revista de Administração de Empresas,** São Paulo, v. 34, n. 2, p. 18, 1994.

MIRANDA, G. P. C. Responsabilidade social coorporativa e marketing social: reflexão para um novo tempo. In: **Responsabilidade social das empresas.** São Paulo: Peirópolis. 2002.

MORRIS, T. Sabedoria antiga. **Você S.A.,** São Paulo, v. 3, n. 26, ago. 2000.

OLIVEIRA, F. R. M. Relações Públicas e a comunicação na empresa cidadã. In: **Responsabilidade social das empresas.** São Paulo: Peirópolis. 2002.

ROBBINS, S. P. **Organizational behavior.** 7. ed. Englewood Cliffs: Prentice Hall. 1996.

SKINNER, B. F. **Ciência e comportamento humano.** 10. ed. São Paulo: Martins Fontes, 2000.

TOLDO, M. Responsabilidade social empresarial. In: **Responsabilidade social das empresas.** São Paulo: Peirópolis, 2002. p. 71.

ZACHARIAS, O. **ISO 9000:2000:** conhecendo e implementando. São Paulo: O. J. Zacharias, 2001.

CAPÍTULO 11

ENGENHARIA QUÍMICA SUSTENTÁVEL

Quando se olha para o passado e se constata que algumas civilizações colapsaram, tais como o Império Maia na península de Yucatán (México), a sociedade dos Anasazi no sudoeste dos Estados Unidos e os Vikings na Groenlândia Nórdica, cabe a pergunta: por quê? Diamond (2005) aponta os seguintes fatores que contribuíram para tanto:

1) desmatamento e destruição do habitat;
2) problemas com o solo, como erosão, salinização e perda de fertilidade;
3) gestão da água, em que períodos prolongados com baixa precipitação tornaram inviável a sobrevivência de populações na história da humanidade;
4) excesso de caça e sobrepesca, reduzindo a reposição de dieta animal;
5) efeitos da introdução de outras espécies sobre as espécies nativas;
6) aumento demográfico com grande demanda e recursos limitados.

Nos dias de hoje, segundo Diamond (2005), a sociedade encontra-se vulnerável devido a:

1) mudanças e variabilidade climática;
2) carência de energia;
3) utilização total da capacidade fotossintética do planeta;
4) acúmulo de produtos químicos tóxicos no ambiente.

132 Vale a pena estudar Engenharia Química

Tais fatores podem causar impacto na vida das pessoas, tais como escassez de comida, fome, guerras e derrubada de elites governantes pelas massas desiludidas (DIAMOND, 2005). É importante ressaltar que sociedades que souberam cuidar dos seus recursos naturais foram mais bem-sucedidas ao se antecipar às alterações climáticas e ambientais para sobreviver à elas. Povos que, ao contrário, exploraram em excesso esses recursos (por algum motivo) optaram, de certa maneira, pelo colapso. Com base no trabalho de Diamond (2005) é possível escrever que tal opção, ainda que possa ser inconsciente, está associada à falta de capacidade de não antever o problema antes do seu surgimento ou mesmo não souberam resolvê-lo no momento da sua percepção. Uma informação interessante advinda da leitura da obra de Diamond (2005) está na associação da vulnerabilidade de uma sociedade com o comportamento socialmente irracional e desmedido, em que uma minoria causa grandes problemas para a maioria, tendo em mente apenas os próprios interesses. Interesses esses fortemente atrelados à questão econômica, uma vez que a produção em larga escala – como a de produtos químicos – podem resultar em impactos desastrosos à sociedade conforme se apresenta no Quadro 11.1.

Quadro 11.1 Os fluidos do dragão.

Ano	Fato
1863	O governo britânico aprova a lei *Alkali Works* para controlar as emissões ambientais.
1873	Um *smog* (mistura de nevoeiro e fumaça) é responsável pela morte de 1.150 pessoas em Londres.
1908	Arrhenius argumenta que o efeito estufa proveniente do uso de carvão e de petróleo causa o aquecimento do globo terrestre.
1915	O gás tóxico (gás clorídrico) é utilizado na batalha de Ypres.
1921	Uma carga de 4.500 toneladas de nitrato de amônia e sulfato de amônia explode em uma planta química em Oppau, Alemanha. Como consequência, 600 pessoas são mortas, 1.500 feridas e cerca de 7.000 perdem suas casas.
1945	São detonadas bombas atômicas em Hiroshima e Nagasaki.
1947	Uma barca, a Grandcamp, carregada com o fertilizante à base de nitrato de amônio pega fogo e explode, destruindo parte de uma cidade e matando 576 pessoas. Mais tarde este desastre ficou conhecido como o "desastre do Texas".
1948	*Smog* mata 19 e deixa doentes 1.000 pessoas em Donora, Estados Unidos.
1952	*Smog* mata 4.000 pessoas em Londres.
1962	*Smog* mata 1.000 pessoas em Londres.
1966	Primeira tentativa de controlar a emissão de solventes orgânicos nos Estados Unidos (lei 66).
1974	Vapor de ciclohexano vaza e explode, matando 28 pessoas em Flixborough, Inglaterra.
1976	A Academia Nacional de Ciências dos Estados Unidos informa que os clorofluorocarbonos (Freons) podem afetar a camada de ozônio.
1984	Vazamento de 41 mil toneladas de metil isocianato da Union Carbide mata mais de 2.000 pessoas em Bhopal, Índia.

(continua)

Engenharia Química Sustentável

Quadro 11.1 Os fluidos do dragão (continuação).

Ano	Fato
1986	Uma usina nuclear de Chernobyl explode e libera enorme quantidade de radiação nas vizinhanças de Kiev, na então União Soviética.
1988	Uma plataforma de petróleo explode no Mar do Norte.
1989	O petroleiro Exxon Valdez afunda e libera 41 milhões de litros de petróleo bruto no Alasca, matando milhares de aves e animais marinhos.
1987	Acidente radiativo com césio 137, em Goiânia, vitimou 4 pessoas, 706 foram expostas à radiação, sendo 55 delas atingidas por altas dosagens.
1992	É realizada no Rio de Janeiro a Conferência das Nações Unidas para o Meio Ambiente e o Desenvolvimento (ECO-92), em que foi produzido um documento, a Agenda 21, no qual se estabeleceram compromissos das nações com iniciativas que garantam a sustentabilidade e promovam a melhoria da qualidade de vida das gerações atuais e das futuras.
1995	Integrantes do culto Shinri Kyo utilizam sarin (gás nervoso) em um ataque mortal no metrô de Tóquio.
1995	Uma bomba fabricada a partir de fertilizante de nitrato de amônia e *fuel oil* destrói o *Federal Building* em Oklahoma, Estados Unidos.
1997	Foi feito o Protocolo de Quioto, no qual se pretendia implementar a redução de poluentes na atmosfera do planeta por parte de países industrializados em 5,2%, entre 2008 e 2012 (sobre os níveis de emissão em 90). Em 2001 os Estados Unidos, apesar de contribuírem com cerca de 25% da emissão global de CO_2, gás responsável pelo efeito estufa, rejeitou participar do protocolo, devido a fatores econômicos internos. Contudo, o protocolo entrou em vigor em 16/02/2005.
2000	1,3 milhões de litros de óleo vazam de dutos da Refinaria Duque de Caxias, contaminando 16,5 km da Baía da Guanabara.
2001	Afunda no Brasil a maior plataforma de produção semissubmersível do mundo, a Petrobras 36, vitimando 11 pessoas.
2001	A Shell Química é responsabilizada pela poluição do Recanto dos Pássaros, em Paulínia, São Paulo.
2002	Criação, no Brasil, do Centro Nacional de Prevenção e Remediação de Desastres Ambientais.
2002	Representantes de 190 países participam, em Johannesburgo, da Cúpula Mundial sobre Desenvolvimento Sustentável: Rio +10. São discutidos temas sobre Energia, Biodiversidade, Clima, Saneamento, Subsídios Agrícolas.
2002	No Brasil, ocorre vazamento de gás natural, seguido de explosão em uma unidade da Petrobras. Houve três mortes e paralisação da unidade por 30 dias.
2002	Acidente com o petroleiro Prestige na costa da Galícia. Vazamento de cerca de 10 mil toneladas de óleo atingiu 90 praias (295 km da costa). Prejuízo de US$ 42 mi; morte de mais de 20 mil aves.
2002	Singapura. Vazamento de 450 toneladas de petróleo de navio petroleiro, ocasionando a contaminação de água e de animais.
2003	Forças anglo-americanas atacam o Iraque, provocando a contaminação do meio ambiente, principalmente nos arredores de Bagdá.
2003	Brasil. Vazamento de resíduos químicos (lixívia negra) da indústria Cataguazes de papel e celulose. O volume do vazamento foi de 1,4 milhões de m^3 de hidróxido de sódio, material orgânico, chumbo, enxofre, hipoclorito de cálcio, sulfeto de sódio e outros metais. Contaminação dos rios Pomba e Paraíba do Sul, resultando em prejuízos ao ecossistema e comunidades ribeirinhas. Os contaminantes atingiram 47 municípios de Minas Gerais e Rio de Janeiro.
2003	China. Explosão de poço de exploração de gás natural. Para conter o vazamento, o poço foi queimado. Houve 243 mortos e 9.000 feridos.
2004	China. Vazamento de gás cloro seguido de explosão na Indústria Tianyuan, ocasionando 150 mil desabrigados, 9 mortos.

(continua)

Quadro 11.1 Os fluidos do dragão (continuação).

Ano	Fato
2004	Argélia. Explosão em uma unidade de gás natural na maior refinaria da Argélia. Houve 38 mortos e 74 feridos.
2004	Bélgica. Vazamento de gás natural em um gasoduto, seguido de explosão. Houve 15 mortos e 120 feridos.
2004	Brasil. Explosão e afundamento de navio carregado de metanol. Vazamento de cerca de 3 milhões de litros de combustíveis. Mancha de óleo atingiu mais de 30 km.
2005	EUA. Choque de dois trens, um deles com carregamento de gás cloro. Houve 8 mortos e 200 feridos.
2005	EUA. Explosão em refinaria da BP, com 15 mortos e 100 feridos.
2005	China. Explosão da fábrica seguida de derramamento de benzeno pela Petroquímica CNPC, levando à contaminação de água, evacuação de 10 mil pessoas e provocando 5 mortos.
2006	Brasil. Incêndio em distribuidora de produtos químicos e derramamento de ácido nítrico, ácido fórmico, acetona e outros produtos. Teve como impacto a poluição atmosférica e do rio Gravataí. Evacuação dos moradores das proximidades.
2006	China. Explosão de reator químico *Fuyuan Chemical* durante testes para sua implementação, com 22 mortos, 28 feridos e provocando a evacuação de 7 mil pessoas.
2007	EUA. Explosão da fábrica de solventes químicos e aditivos para combustível da T2 Laboratories Inc – Flórida/EUA, gerando emissão de gases tóxicos e ocasionando 4 mortes.
2007	Brasil. Em 18 de abril, funcionários da empresa IMCOPA, em Araucária – PR, estavam executando obras de reparo na região dos tanques atmosféricos de armazenamento de álcool etílico, quando um deste, contendo 10% do produto, num total de 311.000 litros de capacidade, veio a explodir. Um segundo tanque veio a explodir logo em seguida. Houve 4 vítimas fatais e 2 com queimaduras graves.
2007	China. Explosão em uma indústria química, resultando em 7 mortos e 50 feridos.
2007	Coreia do Sul. Acidente entre um cargueiro e um navio petroleiro resultou em derramamento de petróleo próximo ao litoral. Devido aos fortes ventos, a mancha se espalhou rapidamente. Quase 30 km de costa atingidos. Danos ao ecossistema do local.
2008	China. Explosão da unidade de vinis e acetatos em Guangx, ocasionando escape de gases tóxicos e levando a 21 mortes, 57 feridos, evacuação de 12 mil pessoas.
2008	Canadá. Em agosto, ocorreram explosões sequenciais de tanques de armazenamento de propano em Toronto. Milhares de pessoas foram evacuadas, além de uma vítima fatal e mais 8 moradores da região que ficaram feridos.
2008	Brasil. Incêndio em indústria química em Jacareí. A plataforma de uma empilhadeira gerou faíscas ao se chocar com um estrututra. As faíscas em contato com tabletes de enxofre causaram o incêndio. Houve 2 feridos e destruição de 100 m² da indústria.
2008	Brasil. Caminhão da empresa agroquímica Servatis derramou 15 mil litros de um inseticida tóxico no rio Pirapetinga. Houve morte de milhares de animais e risco de contaminação de 12 milhões de pessoas.
2009	Brasil. Incêndio na Dialquímica causando o vazamento de produto químico não identificado. O fogo atingiu casas próximas à indústrias e 6 pessoas ficaram feridas.
2009	Índia. Incêndio em 11 tanques de óleo combustível, em função de falha na válvula de oleoduto, resultando em 11 mortos e 300 feridos.
2009	China. Incêndio no depósito de clorobenzeno seguido de explosão de dez toneladas em Henan, com 8 mortos e 8 feridos.
2009	França. Explosão de caldeira da unidade de craqueamento de naftal da Total, em Carling, com 2 mortos e 6 feridos.

(continua)

Engenharia Química Sustentável

Quadro 11.1 Os fluidos do dragão (continuação).

Ano	Fato
2009	China. Explosão de Indústria Química ao descarregar produtos inflamáveis em Lanshan, com 18 mortos e 10 feridos.
2010	Brasil. Duas explosões na IQT, indústria de resina e biodiesel, resultando em 1 morte e 2 feridos.
2010	Brasil. Incêndio na indústria Archem Química, resultando em 3 feridos e destruição da indústria.
2010	Golfo do México. No dia 20 de abril, a plataforma *Deepwater Horizon* da empresa Britsh Petroleum explodiu, provocando um vazamento que se estendeu por semanas. Foram despejados no mar cerca de 750 milhões de litros de petróleo, causando a morte de centenas de animais.
2010	EUA. No dia 10 de setembro uma tubulação de gás natural rompeu em uma área residencial no bairro de San Bruno, San Francisco – Califórnia. Houve grande dano material advindo das explosões, destruição de residências e automóveis. Dezenas de pessoas ficaram feridas, além de uma vítima fatal no momento do acidente.
2010	Hungria. No dia 5 de outubro uma barragem de contenção de lama vermelha (advinda da produção de alumínio) rompeu, liberando grande quantidade do material, altamente tóxico. Como consequência, toda a região atingida pela lama ficou contaminada. Sete vítimas fatais em menos de três dias e mais de 120 intoxicados, com queimaduras na pele.
2011	Brasil. Vazamento de cloro por rompimento de tubulações na Braskem, causando a intoxicação de 152 pessoas.
2011	Brasil. No dia 29 de julho, uma fábrica de álcool em gel na cidade de Embu das Artes entrou em chamas. Cinco trabalhadores sofreram queimaduras. O fogo espalhou-se pela vizinhança, causando danos materiais não apenas nas instalações da fábrica, como também no seu entorno.
2011	Brasil. Em agosto, na cidade de Duque de Caxias – RJ, uma tubulação de GLP veio a se romper, com posterior vazamento de cerca de 10 toneladas de gás para o ambiente. Não houve vítimas fatais. Vias foram interditadas, além de fechamento de escolas, empresas e remoção da população do entorno.
2011	China. Explosão em um galpão de oxidantes na *Futian Chemical*, provocando a evacuação de 6 mil pessoas.
2012	Brasil. Vaporização de nafta em função de inclinação de teto flutuante de tanque de armazenamento na Braskem. Houve a retirada de todos os trabalhadores da área e contaminação de uma bacia hidrográfica na região de Porto Alegre em função da chuva que carregou poluentes.
2012	China. Explosão na fábrica de pesticidas da Indústria Kaer, em Hebeo, com impacto sentido em raio de dois quilômetros e resultando em 13 mortes.
2012	Brasil. Explosão na planta de ácido adípico na Rhodia, resultando em 5 feridos e destruição da sala de controle.
2012	Turquia. Explosão de depósito de munição em Afyonkarahisar, com 25 mortos e 11 feridos.
2012	Brasil. Explosão de tanque de ácido fluorídrico na Usiquímica, resultando em 2 mortes e 7 feridos.
2012	México. Explosão e incêndio de receptor de gás natural na Petroquímica Pemex, Cidade do México, com 30 mortos e dezenas de feridos.
2012	Brasil. Explosão em tanque de ácido fluorídrico na Usiquímica, em Guarulhos, com 2 mortos e 7 feridos.

A RESPONSABILIDADE AMBIENTAL

Não é difícil perceber, a partir da inspeção do Quadro 11.1, que a preocupação ambiental deve estar presente em todos os processos tecnológicos (ou científicos): desde a pesquisa, passando pelo desenvolvimento, produção e aplicação dos produtos, até a eliminação ou aproveitamento dos resíduos. Assim como a Responsabilidade Social, a Responsabilidade Ambiental deve estar inserida na estratégia empresarial, na medida em que transformar e manipular matéria e/ou energia afeta a todos. Leisinger e Schmitt (2001) apontam alguns fatores que afetam os públicos de uma determinada organização:

- a compatibilidade ambiental dos processos de produção, dos produtos finais e dos produtos intermediários;
- precauções de segurança no transporte e armazenamento de materiais ambientalmente problemáticos;
- precauções para prevenção de acidentes durante a produção e o transporte;
- grau de intensidade de matérias-primas e de energia da empresa;
- quantidade e composição do lixo;
- esforços constantes para reaproveitamento de matéria-prima;
- favorecimento de tecnologias ecoeficientes.

A partir dos anos 1980, com o advento de ideais voltados à preservação do meio ambiente e com a valorização dos *stakeholders* para o processo produtivos, várias ações internacionais foram tomadas em termos de segurança e ambientais. Dentre essas ações, pode-se citar as Convenções estabelecidas para a segurança química, como a Convenção da Organização Internacional do Trabalho (OIT-174) e a Convenção de Estocolmo.

A Convenção OIT-174, estabelecida e adotada pela Organização Internacional do Trabalho (OIT), objetiva a prevenção da ocorrência de grandes acidentes industriais e também a minimização dos que ocorreram. É baseada na Diretiva de Seveso, em que se aplica o conceito de intersetorialidade entre trabalhadores, indústria, trabalho, meio ambiente, saúde, defesa civil e planejamento urbano. Essa convenção aplica-se a instalações sujeitas a risco de acidentes de larga escala, em que existe a presença de substâncias perigosas. É importante mencionar que a Convenção não se aplica especificadamente ao controle, mas à gestão dos riscos de acidentes químicos, no sentido de preveni-los. Ela define como responsáveis não somente a indústria, como também outros atores, de modo a compartilhar a responsabilidade ambiental em termos de gerenciamento de riscos, pois tanto a preocupação quanto a busca da segurança está naqueles que trabalham no chão da fábrica como também naqueles que possam ser afetados por um possível acidente.

Na Convenção de Estocolmo, em que o Brasil é signatário por meio do Decreto 5.472, de 20/06/2005, está incluído em seu escopo que os países signatários devem realizar um controle relacionado a todo ciclo de vida dos chamados *poluentes orgânicos persistentes* (POPs). É importante ressaltar que os POPs, tais como aldrin, clordano, DDT, dieldrin, endrin, heptacloro, hexaclorobenzeno (HCB), mirex, toxafeno, bifenilas policloradas (PCB), dioxina e furanos, são substâncias químicas de alta persistência, capazes de serem transportados por longas distâncias e de se acumularem em tecidos gordurosos dos organismos vivos, sendo tóxicos para o homem e para os animais. A Convenção estabelece que

Engenharia Química Sustentável

os governos imponham regras e apliquem tecnologias que evitem o desenvolvimento de novos POPs, controle total dos atuais.

DESENVOLVIMENTO SUSTENTÁVEL

Notadamente após a Revolução Industrial (veja o Capítulo 5), tendo em vista a sua consequência, de certa maneira predatória tanto da sociedade quanto do impacto ambiental a favor do econômico, principalmente no Ocidente, nota-se que existem três dimensões que interagem entre si: a questão ambiental, o aspecto econômico e o compromisso social. Tais dimensões estão atreladas tanto ao processo produtivo quanto à própria vulnerabilidade de uma determinada sociedade. No capítulo anterior, tais dimensões foram abordadas com o enfoque sobre as responsabilidades que a sociedade espera de uma organização e mesmo do profissional de Engenharia Química. Por outro lado, torna-se urgente complementar esse olhar e explorar tais dimensões no que se refere, conforme apontado por Claro, Claro e Amâncio (2008), ao "balanceamento da proteção ambiental com o desenvolvimento social e econômico, induzindo um espírito de responsabilidade comum como processo de mudança, no qual a exploração de recursos materiais, os investimentos financeiros e as rotas de desenvolvimento tecnológico deverão adquirir sentido harmonioso".

O balanceamento de tais dimensões não se refere somente ao momento presente, as quais visam atender às necessidades da atual geração. Além desse comprometimento, existe aquele para com a geração futura. Tal percepção é uníssona à definição, advinda da Comissão Brundland, para *Desenvolvimento Sustentável*, o qual deve satisfazer às necessidades da geração presente sem comprometer as necessidades das gerações futuras (WCED, 1987). Para tanto, o profissional de Engenharia Química deverá ir além da sua competência técnica e ter o compromisso essencial para com a vida dentro, por exemplo, dos pressupostos contidos na Carta da Terra, que são, entre outros: respeitar e cuidar da vida da comunidade; respeitar o planeta e a vida em toda sua diversidade; cuidar da vida com compreensão, compaixão e amor; construir sociedades democráticas justas, participativas, sustentáveis e pacíficas; preservar a riqueza generosa e a beleza do planeta para agora e futuras gerações (CARTA DA TERRA, s.d.). Dessa maneira, como bem apontado por Campos (2010), a ideia de Desenvolvimento Sustentável também está associada a beleza, felicidade, igualdade, respeito, dignidade, segurança etc. Ou seja, necessidades básicas do ser humano (MASLOW, 2000).

A partir da definição da Comissão Brundland (WCED, 1987), houve várias abordagens, principalmente para o universo empresarial, para o que vem a ser Desenvolvimento Sustentável. A maioria converge para aquela em que conceito é composto pelas três dimensões mencionadas no início desta seção: econômica, ambiental e social, conforme ilustra a Figura 11.1. Segundo Sachs (1993), considerando o ambiente empresarial, a dimensão *econômica* refere-se à redução de custos sociais e ambientais na busca da prosperidade financeira. A dimensão *ambiental* significa utilizar os recursos naturais que são renováveis e limitar o uso dos recursos não renováveis. A dimensão *social* está relacionada à obtenção da equidade na distribuição de renda para os habitantes do planeta.

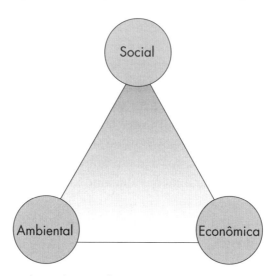

Figura 11.1 Dimensões clássicas do Desenvolvimento Sustentável.

Com a intenção de aprofundar a visão de Sachs (1993) em relação às dimensões presentes na Figura 11.1, torna-se importante resgatar este texto, contido no trabalho de Claro, Claro e Amâncio (2008):

> Os teóricos afirmam que a dimensão ecológica, ou ambiental, pode ser dividida em três subdimensões. A primeira foca a ciência ambiental e inclui ecologia, diversidade do habitat e florestas. A segunda subdimensão inclui qualidade do ar e da água (poluição) e a proteção da saúde humana por meio da redução de contaminação química e da poluição. A terceira subdimensão foca a conservação e a administração de recursos renováveis e não renováveis e pode ser chamada de sustentabilidade dos recursos. A sustentabilidade ecológica, como uma das três dimensões, estimula empresas a considerarem o impacto de suas atividades no ambiente e contribui para a integração da administração ambiental na rotina de trabalho. Na prática, isto significa redução dos efeitos ambientais negativos por meio de monitoramento, integração de tecnologia no processo, análise de ciclo de vida do produto e administração integrada da cadeia de produção... Pode-se, também, promover a internalização dos custos para as economias agressoras

do meio ambiente. A dimensão econômica inclui não só a economia formal, mas também as atividades informais que proveem serviços para indivíduos e grupos e aumentam, assim, a renda monetária e o padrão de vida dos indivíduos. Lucro é gerado a partir da produção de bens e serviços que satisfazem às necessidades humanas, bem como pela criação de fontes de renda para os empresários, empregados e provedores de capital. O retorno financeiro reflete a avaliação dos consumidores para os bens e serviços da empresa, assim como a eficiência com que os fatores de produção são utilizados, como capital, trabalho, recursos naturais e conhecimento. Alguns fatores que influenciam a avaliação do consumidor são utilidade, preço, qualidade e design. Retorno financeiro pode ser considerado um indicador do desempenho da empresa no curto prazo e uma base para a continuidade da empresa no longo prazo... A dimensão social consiste no aspecto social relacionado às qualidades dos seres humanos, como suas habilidades, dedicação e experiências. A dimensão social abrange tanto o ambiente interno da empresa quanto o externo. Indicadores para a dimensão social podem variar de uma empresa para outra, mas alguns são considerados comuns para diferentes setores de atuação. Dentre esses indicadores comuns, pode-se citar compensação justa, horas de trabalho razoáveis, ambiente de trabalho seguro e saudável, proibição de mão de obra infantil e de trabalho forçado, e respeito aos direitos humanos. Outros indicadores são a criação de política social, o investimento em capital humano, o direito a associação, entre outros... Esses mecanismos podem ser: nivelamento do padrão de renda, acesso a educação, moradia e alimentação, entre outros (necessidades biofisiológicas e de formação intelectual). Em suma, pode-se afirmar que o envolvimento das empresas com as questões socioambientais pode transformar-se numa oportunidade de negócios, contribuindo para a melhoria de qualidade de vida dos *stakeholders* e a sustentabilidade dos recursos naturais. A preocupação de muitas organizações com o problema da poluição, por exemplo, tem feito com que elas reavaliem o processo produtivo, buscando a obtenção de tecnologias limpas e o reaproveitamento dos resíduos. Isso tem propiciado grandes economias, que não teriam sido obtidas se elas não tivessem enfocado esse problema. Os benefícios econômicos podem resultar de economia de custos ou incremento de receitas. Os benefícios estratégicos resultam da melhoria da imagem institucional, da renovação da carteira de produtos, aumento da produtividade, alto comprometimento do pessoal, melhoria nas relações de trabalho, melhoria da criatividade para novos desafios e melhoria das relações com os órgãos governamentais, comunidade e grupos ambientalistas.

Há de se observar neste texto que as dimensões subdividem-se, assim como aparece o termo sustentabilidade. Este conceito, na contextualização pretendida neste capítulo, é entendida como o resultado capaz de ser mantido por longo período sem interrupção ou enfraquecimento. A sustentabilidade aqui é exatamente o oposto do que vem ser vulnerabilidade e, em última instância, está intimamente relacionada à sobrevivência. A sustentabilidade acaba sendo a confluência das dimensões do Desenvolvimento Sustentável, conforme ilustrado na Figura 11.2, tornando-se a condição fundamental de equilíbrio dinâmico entre tais dimensões. Desenvolvimento Sustentável, como apontando por Campos (2010), não deve ser visto como algo calcado em crescimento, entretanto na melhoria de padrões, que substituirão outros que sejam considerados insatisfatórios pela sociedade.

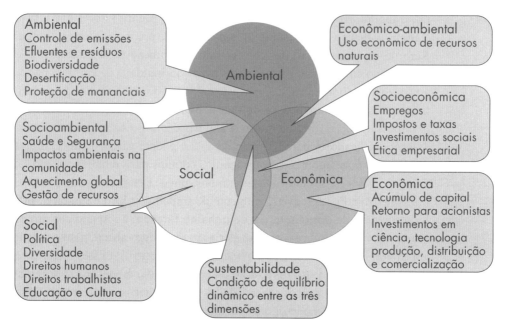

Figura 11.2 Inter-relações entre as dimensões do Desenvolvimento Sustentável (CAMPOS, 2010).

A Figura 11.2 apresenta as diversas interconexões entre as dimensões que compõem o Desenvolvimento Sustentável. Observa-se, além das características únicas de cada dimensão, os resultados das confluências de tais dimensões: das dimensões ambiental e social, resulta a subdimensão socioambiental; entre ambiental e econômica, a econônico-ambiental e, finalmente, entre a econômica e social, a socioeconômica. Tais relações são dinâmicas no tempo e no espaço, convergindo para o equilíbrio espaço-temporal na sustentabilidade: objetivo de hoje e de amanhã visando à sobrevivência do planeta.

INDÚSTRIA QUÍMICA E SUSTENTABILIDADE

A Indústria Química não goza de muito prestígio em relação ao grande público. Nesta, a multiplicação dos materiais e compostos químicos desenvolve-se em velocidade muito maior do que o conhecimento sobre os reais efeitos desses produtos ou poluentes sobre os indivíduos e o meio ambiente, como fi-

Engenharia Química Sustentável

cou demonstrado com os problemas decorrentes do uso abusivo de agrotóxicos (DEMAJOROVIC, 2003). Pesquisas feitas nos Estados Unidos mostraram a incapacidade desse setor para reverter efetivamente a sua imagem perante a opinião pública (veja a Figura 11.3). Dados de pesquisa feitas em 1999 revelaram que na Argentina e na Inglaterra só as indústrias nuclear e de tabaco recebem avaliação pior que a do setor químico.

Jacques (1995) menciona que Indústria Química é, de certo modo, "vítima de seus desenvolvimentos recentes, é como que ultrapassada por seus próprios poderes: cada vez menos simples, ela é cada vez mais difícil de vulgarizar e cada vez menos compreendida; cada vez mais eficiente e cada vez mais presente em nosso cotidiano, ela causa medo a partir do momento em que já não passa despercebida. Algumas poluições de que a acusam só podem ser observadas porque os químicos desenvolveram métodos de análise e de detecção de grande sensibilidade. E que, apesar dos fantasmas alimentados por ameaças da guerra química, um produto tóxico só se torna uma arma entre as mãos dos que quiserem que assim seja".

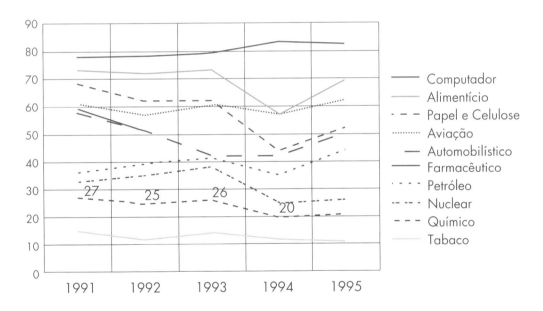

Figura 11.3 Pesquisa de opinião pública favorável feita em dez setores industriais (1990-1995) (DEMAJOROVIC, 2003).

No setor produtivo químico, há um importante documento que se propõe a ser um instrumento eficaz para o direcionamento do gerenciamento ambiental: *Responsible Care Program*®. Criado no Canadá, em 1985, pela *Canadian Chemical Producers Association* – CCPA, e, até o final do século XX, encontrado em mais de quarenta países com indústrias químicas em operação. Este programa inclui a segurança das instalações, processos e produtos, e a preservação da saúde ocupacional dos trabalhadores, além da proteção do meio ambiente, por parte das empresas do setor e ao longo da cadeia produtiva. No Brasil, há o Programa de Atuação Responsável que possui diversos elementos contidos no *Responsible Care Program®*, baseados em princípios diretivos e em códigos de práticas gerenciais.

Os princípios diretivos são os padrões éticos que direcionam a política de ação da Indústria Química brasileira em termos de saúde, segurança e meio ambiente. Tais princípios estabelecem a base ética do processo, indicando as questões fundamentais que devem nortear as ações de cada empresa. Já os códigos de práticas gerenciais são documentos destinados para definir uma série de práticas, que permitem a implementação efetiva dos princípios diretivos, estabelecendo os elementos que devem estar contidos nos programas internos de saúde, segurança e meio ambiente das empresas. Os códigos abrangem todas as etapas do processo de fabricação dos produtos químicos, além de tratarem das peculiaridades dos próprios produtos.

Além do *Responsible Care Program®*, existem outras normas e certificações relacionadas a ações éticas profundamente afeitas ao engenheiro químico. Aqui, porém, é pertinente diferenciar certificação de norma. As certificações diferem-se das normas, basicamente, por conferirem atestados de conformidade a um conjunto de regras que é seguido por determinada organização, após a realização de sua verificação e da auditoria por uma terceira parte do órgão certificador. Como exemplo de normas e certificações, pode-se citar as séries ISO.

A Organização Internacional para Normatização (*International Standard Organization*), conhecida como ISO, foi criada em 1947 visando à facilitação da coordenação internacional e a unificação de padrões internacionais. Com o propósito de desenvolver e promover normas e padrões mundiais que traduzam o consenso dos diferentes países do mundo para facilitar o comércio internacional, a ISO estabeleceu normas, conhecidas como série ISOs, possibilitando o credenciamento de empresas no sistema internacional de Controle de Qualidade. A série ISO 9000, por exemplo, trata do gerenciamento de processos sob o enfoque da gestão de qualidade, conceituando qualidade como as propriedades de um produto ou serviço necessárias para satisfazer os clientes (ZACHARIAS, 2001). Existem as normas 9001, 9002 e 9003. A primeira assegura a qualidade total da operação empresarial, desde a aquisição da matéria-prima até o serviço pós-venda do produto. A segunda assegura a qualidade total do processo produtivo interno da fábrica. A terceira assegura a qualidade do produto vendido. A ISO 14000, por sua vez, enfoca o gerenciamento do processo com ênfase na preservação do meio ambiente, tratando de minimizar os efeitos nocivos que certas atividades possam causar. As normas 14000, 14001, 14010, 14011 e 14012 descrevem, respectivamente: os princípios do sistema de gerenciamento ambiental; a guia de implementação do sistema; os princípios da auditoria ambiental; os procedimentos dessa auditoria; e os critérios de seleção dos auditores.

QUÍMICA VERDE E SUSTENTABILIDADE

No que se refere à prática industrial relativa à transformação química e o seu compromisso com a sustentabilidade, cabe mencionar os pressupostos da Química Verde (QV). A QV refere-se à prática industrial da química que visa (i) fabricar e lançar no mercado substâncias que não sejam nocivas para a saúde dos seres vivos e que não deteriorem o ambiente; (ii) usar processos de fabricação de substâncias que não dispersem poluentes nem produzam resíduos tóxicos; (iii) usar preferencialmente matérias-primas oriundas de recursos naturais renováveis, de modo a poupar os recursos não renováveis; (iv) usar preferivelmente energias renováveis etc (MACHADO, 2013). A estratégia dessa prática industrial é sintetizada nos "Doze Princípios da Química Verde":

Prevenção. É melhor prevenir a formação de resíduos do que ter de tratá-los, depois de se terem criado, para eliminar as suas propriedades tóxicas.

Economia atômica. Os métodos sintéticos devem ser planificados de modo a maximizar a incorporação no produto final de todas as substâncias empregadas ao longo do processo.

Sínteses menos perigosas. Sempre que possível, os métodos sintéticos devem ser planificados de modo a usar e produzir substâncias não tóxicas (ou pouco tóxicas) para a saúde humana e a ecosfera.

Planificação a nível molecular de produtos mais seguros. Os produtos químicos devem ser planificados em nível molecular de modo a cumprir as funções desejadas e a minimizar a sua toxicidade.

Solventes e outras substâncias auxiliares mais seguras. O uso de substâncias auxiliares (solventes, agentes para promover separações etc.) deve ser evitado sempre que possível; quando usados, esses agentes devem ser inócuos.

Planificação para conseguir eficiência energética. Deve-se reconhecer os impactos econômicos e ambientais dos requisitos energéticos dos processos químicos e minimizá-los; quando possível, os métodos sintéticos devem ser realizados à temperatura e pressão ambientais ou próximas destas.

Uso de matérias-primas renováveis. Sempre que for técnica e economicamente praticável, deve-se usar matérias primas e recursos renováveis de preferência a não renováveis.

Redução das derivatizações. Devem-se minimizar ou, se possível, evitar derivatizações (uso de grupos bloqueadores, de modificações temporárias na molécula para permitir processos físicos/químicos), pois tais etapas requerem reagentes adicionais e podem produzir resíduos.

Catalisadores. Deve-se preferir reagentes catalíticos (tão seletivos quanto possível) a reagentes estequiométricos.

Planificação para a degradação. Os produtos químicos devem ser planificados em nível molecular de modo que no fim do seu uso não persistam no ambiente e se decomponham em produtos de degradação inócuos.

Análise para a prevenção da poluição em tempo real. Deve-se procurar usar métodos analíticos que permitam o monitoramento direto dos processos de fabrico em tempo real e controle precoce da formação de substâncias perigosas.

Química inerentemente mais segura quanto à prevenção de acidentes. As substâncias usadas e as formas da sua utilização nos processos químicos de fabrico devem minimizar o potencial de ocorrência de acidentes químicos, tais como fugas, explosões e incêndios.

Em 2003, foi proposta uma mudança de designação da Química Verde para Química Verde e Sustentável, quando da Primeira Conferência sobre Química Verde e Sustentável (QV & S), realizada em Tóquio em 2003. A inclusão do termo "sustentável" enfatiza os objetivos (iii) e (iv) apresentados no primeiro parágrafo desta seção, além de acrescentar outro à prática industrial da química: (v) usar como matérias-primas para a produção de substâncias os resíduos formados na preparação de outros compostos (MACHADO, 2013). Essa atitude pressiona a Engenharia Química a integrar-se na Engenharia da Sustentabilidade.

De acordo com Machado (2013), a sustentabilidade da Química Verde tem dupla dimensão: (i) em termos atuais, a da própria química, posta presentemente em causa pela sociedade uma vez que, ao longo do século XX, foram fabricadas diversas substâncias responsáveis por problemas ambientais, ecológicos, de saúde humana (DDT, por exemplo) etc. – cuja tomada de consciência tem vindo a afastar as pessoas da química (veja a Figura 11.1); e (ii) em termos futuros, a da própria sustentabilidade – não pôr em causa a sobrevivência das gerações vindouras – já que, presentemente, a química e atividades afins são direta ou indiretamente responsáveis por grandes perturbações nocivas do ambiente (por exemplo, extração e consumo acelerado de recursos naturais não renováveis e dispersão global de espécies tóxicas). Em termos gerais, é possível definir características gerais que os processos de produção industrial de substâncias químicas devem ter para serem compatíveis com a sustentabilidade:

- *Recursos naturais.* Reduzir o dispêndio de recursos naturais (matérias-primas) e o consumo de energia;
- *Poluentes e resíduos.* Minimizar a libertação de poluentes (para o ar e água) e a produção de resíduos;
- *Processos de síntese.* Reduzir/eliminar a utilização de substâncias químicas auxiliares, a utilização de substâncias perigosas, a produção não

intencional de produtos secundários, bem como aumentar a seletividade e a economia atômica;

- *Segurança e saúde ambiental.* Usar processos inerentemente seguros (quanto a acidentes) (MACHADO, 2013).

No que se refere aos processos de síntese de compostos químicos, é crucial que se privilegie o uso de vias sintéticas inovadoras com base em catalisadores e biocatalisadores (biotecnologia) em detrimento de reações envolvendo reagentes estequiométricos, impulsionar a eliminação ou substituição de solventes tradicionais por outros menos perigosos. Quanto ao modo de produção, a substituição de reatores macroscópicos por baterias de microrreatores apresenta-se promissora para aumentar a eficácia da Indústria Química sob diversos pontos de vista, incluindo a proteção ambiental (MACHADO, 2013).

A CORROSÃO DO VALOR: DESEQUILÍBRIO DO DESENVOLVIMENTO SUSTENTÁVEL

Não se pode discutir Desenvolvimento Sustentável e Sustentabilidade se não houver a mínima reflexão sobre a natureza humana. O mundo de hoje – com sutis diferenças – é o mundo de ontem e o futuro, evidentemente, depende da formação do que se oferece para hoje. O ambiente físico (*locus* do trabalho) do futuro pode ser (e talvez o será) diferente do que se encontra hoje, mas o ambiente moral – na sua acepção positiva – deve ser mantida, exatamente para evitar os erros do passado. No mundo globalizado há a tendência do esquecimento dos valores morais e do aquecimento dos valores econômicos, implicando diretamente no equilíbrio dos pilares do Desenvolvimento Sustentável, comprometendo a própria Sustentabilidade.

Aqui, pode-se resgatar a reflexão de Robbins (1986), que menciona que os valores morais (inclusão nossa) representam convicções básicas que um modo de conduta de existência específico é pessoalmente ou socialmente preferível em relação a um modo de conduta contrária. Tais convicções trazem elemento de juízo na qual carregam ideias da pessoa sobre o que é certo, bom ou desejável. A importância dos valores a uma pessoa é fundamental para o seu exercício ético. Além disso, os valores são importantes para o entendimento do comportamento organizacional de uma determinada empresa e, portanto, local de trabalho do profissional de Engenharia Química. Nesse sentido, como apontado por Hirigoyen (2002), é necessário aprender a respeitar o outro e levar em conta sua cultura, suas diferenças e suas eventuais fragilidades e, paradoxalmente, enquanto a sociedade está cada vez mais individualista, no mundo do trabalho os valores individuais são escamoteados.

O preço pela manutenção do poder, da visibilidade, do amor próprio por parte de pessoas perversas, invejosas, é pago por um conflito de valores. A pessoa honesta, capaz, responsável, ou seja, ética em sua plenitude e que não concorda com as práticas moralmente condenáveis de outras pessoas é violentada em seus valores terminais e instrumentais, em que os primeiros dizem respeito à razão de viver, os objetivos que a pessoa gostaria de atingir durante a sua existência; e os últimos se referem aos modos de comportamento ou de meios para atingir os valores terminais. Em uma visão bergsoniana, os valores terminais estão associados ao objetivo da existência, enquanto os valores instrumentais referem-se ao modo diário de conduta. Exemplos de ambas as dimensões de valores estão apresentados no Quadro 11.2, e o Quadro 11.3 ilustra as prioridades desses valores por categoria ou ocupação (ou seja, pessoas da mesma categoria ou ocupações tendem a apresentar os mesmos valores).

Quadro 11.2 Valores terminais e instrumentais (ROBBINS, 1986).

Valores terminais	Valores instrumentais
Autoestima	Alegria
Amizade verdadeira	Amor (meiguice)
Beleza (da natureza, artes)	Ambição (aspiração)
Felicidade	Autodisciplina (autocontrole)
Harmonia interna	Bondade
Igualdade	Capacidade
Liberdade	Coragem
Maturidade no amor	Criatividade
Paz mundial	Honestidade
Reconhecimento social	Independência
Sabedoria	Inteligência
Salvação espiritual (vida eterna)	Limpeza (ordem, arrumação)
Segurança da família	Lógica (consistência, razão)
Segurança nacional	Obediência (respeito)
Senso do dever cumprido	Pensamento livre (mente aberta)
Vida confortável, próspera	Perdão
Vida estimulante, ativa	Polidez (cortesia)
Vida prazerosa	Responsabilidade

A falta da preservação de valores morais é a traça que corrói os pilares da sociedade. E a permissão para que surjam tais falhas pode estar tanto no seio familiar quanto no ambiente de trabalho ou escolar. Vemos a *preguiça* como a capacidade de não querer provocar mudanças pró-ativas. *Gula* em querer tudo para si, na qual há o predomínio da quantidade em detrimento à qualidade (GRAMIGNA, 2002). *Avareza* caracterizada pela centralização das informações,

Engenharia Química Sustentável

decisões, desqualificando qualquer habilidade do outro, impedindo a delegação. A *ira* aflora quando há sucesso do outro, provocando frustração e sede de vingança. A *luxúria* baseada na bajulação – como forma de sedução – para alcançar algum benefício e/ou para esconder sua falta de habilidade, principalmente técnica. *Inveja* por não reconhecer o sucesso do outro, por querer o seu sucesso, a sua qualidade, a sua virtude. Tais pecados levam as pessoas, principalmente aquelas que detêm o poder, a agirem contra as pessoas éticas, na intenção de controlar a situação, manter-se no poder. Paga-se qualquer preço e a ética é vista como um comportamento inerente aos tolos e ingênuos.

Quadro 11.3 Valores terminais e instrumentais para diversas categorias (ROBBINS, 1986).

Executivos	
Terminal	Instrumental
1. Autoestima	1. Honestidade
2. Segurança da família	2. Responsabilidade
3. Liberdade	3. Capacidade
4. Senso de dever cumprido	4. Ambição
5. Felicidade	5. Independência
Associações	
Terminal	Instrumental
1. Segurança da família	1. Responsabilidade
2. Liberdade	2. Honestidade
3. Felicidade	3. Coragem
4. Autoestima	4. Independência
5. Maturidade no amor	5. Capacidade
Ativistas	
Terminal	Instrumental
1. Igualdade	1. Honestidade
2. Paz mundial	2. Bondade
3. Segurança da família	3. Coragem
4. Autoestima	4. Responsabilidade
5. Liberdade	5. Capacidade

ENGENHARIA QUÍMICA SUSTENTÁVEL

O colapso de algumas sociedades também pode estar relacionado à falta de capacidade de não se antever terminado problema antes do seu surgimento ou a sua não solução no momento da sua percepção. Durante a formação do engenheiro químico existe a preocupação contínua em desenvolver o raciocínio para o processo, à semelhança daquele ilustrado na Figura 2.2. São conhecidas as matérias-primas, os produtos, assim como as transformações físicas e/ou químicas e tecnologias envolvidas, além de estimular a capacidade de gerenciamento. Para o profissional enquanto estudante, são fornecidas ferramentas essenciais para seu desenvolvimento científico e tecnológico. Isto, inclusive, é uma das características do século XX, considerando-se o impacto que teve a Indústria Química na sociedade – para o bem (Quadro 2.7) e para o mal (Quadro 11.1). O paradigma do atual momento histórico, tendo em mente a seção "O que nos espera?", presente no Capítulo 5, está na natureza do Desenvolvimento e este deve estar associado ao processo que combina crescimento econômico com mudanças sociais e culturais, reconhecendo os limites físicos impostos pelos ecossistemas, fazendo com que as considerações ambientais sejam incorporadas em todos os setores, incluindo a formação e a atuação profissional. Além disso, é essencial que se incorporem as questões dos valores pessoais, uma vez que tais valores representam o combustível necessário para impulsionar o Desenvolvimento Sustentável.

Desenvolvimento Sustentável é, portanto, inerente à atuação do profissional de Engenharia Química, pois o manuseio de matérias-primas e de produtos, o gerenciamento dos processos de transformação e de pessoas, a gestão técnica e econômica do reaproveitamento de água e de energia, a compreensão de que os resíduos (sólidos, líquidos e gasosos) podem ser vistos como coprodutos de valor agregado a ser considerados, além das necessidades da atual geração, as necessidades de gerações futuras. Todas as ações deste profissional, sejam elas econômicas e/ou técnicas, são importantes para evitar, a todo custo, o colapso de sociedades e de civilizações. Do modo como apresentado no tópico sobre Química Verde, a atuação dos engenheiros químicos é crucial durante a concepção, projeto e operação das rotas tecnológicas sustentáveis.

É essencial, para a Engenharia Química Sustentável, ser responsável, conforme discutido no Capítulo 10, e que os seus profissionais desenvolvam e aperfeiçoem seus compromissos técnicos e éticos, preservando valores, feito aqueles presentes no Quadro 11.2. Aproveitando este quadro, a Sustentabilidade, enquanto equilíbrio dinâmico das dimensões do Desenvolvimento Sustentável, pode ser vista – utilizando-se o conceito de valor apresentado anteriormente, como *valor terminal*, ou seja um objetivo de vida e da própria sobrevivência (de uma empresa ou organização ou sociedade). Por outro lado, para que se atinja tal objetivo são necessários valores instrumentais, os quais se referem ao exercício contínuo de conduta e de postura, os quais coincidem com a Responsabilidade Social. Como consequência, ao se identificar Sustentabilidade a um valor terminal, e Responsabilidade Social a um valor instrumental, pode-se representar tais valores na esfera empresarial, por exemplo, conforme o modelo ilustrado na Figura 11.4.

Engenharia Química Sustentável

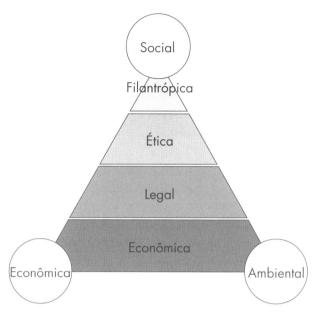

Figura 11.4 Valores empresariais: sustentabilidade e Responsabilidade Social.

Na medida em que o Desenvolvimento Sustentável deve satisfazer às necessidades da geração presente sem comprometer as necessidades das gerações futuras, é fundamental a presença de um profissional hábil e responsável (Figura 10.2), fortemente comprometido com a Sustentabilidade. Esse modelo, ilustrado na Figura 11.5, inclui as diversas habilidades e responsabilidades e o compromisso com a Sustentabilidade.

Figura 11.5 Compromisso responsável e sustentável do engenheiro químico.

O profissional de Engenharia Química, compromissado com as dimensões apresentadas na Figura 11.5, não será mais visto como estereótipo da Revolução Industrial, como um ser técnico, exato, frio, ausente, pois desenvolverá a consciência de que ações pessoais, técnicas e gerenciais afetam a vida das pessoas e do meio que as cerca (direta e indiretamente), bem como aprimorará os seus valores morais, pois somente a determinação das pessoas de agir com ética pode garantir o comportamento ético de qualquer organização.

CONCLUSÃO

O novo paradigma da tecnologia propõe um modelo em contínua transformação, no qual se deve incluir a educação solidária, responsável e sustentável. O poder da tecnologia, entretanto, é de tal ordem que muitas vezes sufoca e suplanta a ética, que sempre foi e precisa ser a grande responsável pelo progresso sustentável. O futuro profissional de tecnologia não deve ser guiado apenas pela competência técnica, mas também pela consciência crítica capaz de atuar positivamente na transformação social. Urge, por via de consequência, a necessidade de esse profissional estar inserido no contexto social em que atua e transforma, bem como estar ciente das consequências dos resultados advindos de seu conhecimento.

O desenvolvimento científico e tecnológico são fontes estratégicas de uma nação. Porém, não existe desenvolvimento sem educação, pois esta desafia intelectualmente o indivíduo, descobre habilidades e talentos latentes e incrementa o desempenho para agir e pensar. Sob esse aspecto, deve-se:

- estar consciente da importância da manutenção e exercício de valores instrumentais, tais como responsabilidade, respeito e honestidade, entre outros valores, para que se desenvolvam valores terminais como a felicidade, liberdade, igualdade, de modo a ter uma vida confortável, próspera, estimulante, ativa e prazerosa;
- ter a noção clara da utilização responsável do conhecimento, pois dele depende a vida de muitos. Veja o caso do Morro do Bumba, em Niterói (abril de 2010), em que vidas pereceram dada a omissão de informação de gestores públicos, maculando o Direito de Saber. Pessoas levantaram suas moradas sobre uma poça explosiva de metano e foram, depois, soterradas pelas lágrimas de Deus por tanta tristeza ao ver Seus filhos imersos naquele mar de pobreza e desolação;
- saber que a educação, além de ser o sustentáculo para o desenvolvimento, é a base para a Responsabilidade Social e para a Sustentabilidade de qualquer nação.

BIBLIOGRAFIA CONSULTADA

CAMPOS, M. K. S. **A Lógica da sustentabilidade na Indústria Química**. Rio de Janeiro: ABEQ, 2010. Disponível em: <http://www.abeq.org.br/palestras2010/11.pdf>. Acesso em: 08 set. 2011.

CARTA DA TERRA. San José, [s.d]. Disponível em: <http://www.cartadaterrabrasil.org>. Acesso em: 14 mar. 2010.

CLARO, P. B. O.; CLARO, D. P.; AMÂNCIO, R. Entendendo o conceito de sustentabilidade nas Organizações. **Revista Administração**, São Paulo, v. 43, n. 4, p. 289-300, 2008.

DEMAJOROVIC, J. **Sociedade de risco e responsabilidade socioambiental**. São Paulo: Editora Senac, 2003.

DIAMOND, J. **Colapso**: como as sociedades escolhem o fracasso ou o sucesso. Trad. A. Raposo. Rio de Janeiro: Record, 2005.

GRAMIGNA, M. R. **Modelos de competências e gestão de talentos.** São Paulo: Makron Books, 2002.

HIRIGOYEN, M-F. **Mal-estar no trabalho**. Trad. R. Janowitzer. Rio de Janeiro: Editora Bertrand Brasil, 2002.

JACQUES, J. Um olhar sobre a Química Moderna. In: WITKOWSKI, N. (Org.). **Ciência e Tecnologia Hoje**. Trad. R. L. Ferreira. São Paulo: Ensaio, 1995.

LEISINGER, K. M.; SCHMITT, H. **Ética empresarial**. Trad. C. A. Pereira. Petrópolis: Vozes, 2001.

MACHADO, A. A. S. C. **Química e Desenvolvimento sustentável**. Disponível em: <www.spq.pt/boletim/docs/boletimSPQ_095_059_09>. Acesso em: 22 jan. 2013.

MASLOW, A. **Maslow no gerenciamento**. Trad. E. Castilho e B. Rio de Janeiro: Qualitymark, 2000.

ROBBINS, S. P. **Organizational behavior**. 7. ed. Englewood Cliffs: Prentice Hall, 1986.

SACHS, I. **Estratégias de transição para o século XXI**: desenvolvimento e meio ambiente. São Paulo: Studio Nobel: Fundap, 1993.

WCED – WORLD COMISSION ON ENVIRONMENT AND DEVELOPMENT. **Our common future** (Brundtland Report). New York: Oxford University Press, 1987.

ZACHARIAS, O. **ISO 9000:2000**: conhecendo e implementando. São Paulo: Imprensa da Fé, 2001.

EXERCÍCIOS PROPOSTOS

QUESTÕES DISSERTATIVAS
Capítulo 1

1.1 Avalie a "conquista da Lua", em 1969, a partir da seguinte colocação: o ser humano é um ser inquieto, em tudo o que vê, sente e ouve quer pôr a mão e ir além das asas da imaginação, para simplesmente criar o que não existe e modificar o que já se fez presente. O que isso tem a ver com a Engenharia? Exemplifique.

1.2 É possível afirmar que, hoje em dia, se busca o "engenheiro cientista"? Por quê? Exemplifique.

1.3 Construa um esquema para as Engenharias Civil, Elétrica, Mecânica e Química a partir das competências e habilidades gerais do engenheiro. É possível surgir sub-ramos desses ramos de Engenharia? Mostre (sugestão: construa uma "árvore genealógica" para cada engenharia).

1.4 Construa um quadro semelhante ao Quadro 1.1 para os seguintes ramos da Engenharia: aeronáutica, agrícola, cartográfica, da computação, de pesca, eletrônica, mecatrônica, naval e sanitária.

1.5 O que significam as habilidades técnicas, humanas e conceituais? Qual a sua importância para o profissional de Engenharia Química? Esse profissional será um engenheiro sem ser hábil tecnicamente?

1.6 Que atributos permitem a reflexão sobre a afirmação de que a "busca do novo profissional de engenharia está muito relacionada com as qualidades do *ser* e menos com o *saber* técnico"?

1.7 *Ter vontade de crescer*, enquanto uma característica valorizada para o profissional de Engenharia (segundo pesquisa POLI/USP – 1998), aproxima-se da ambição profissional e mesmo profissional. Até onde tal característica não é conflitante com outros atributos igualmente ou mais valorizados para o profissional de engenharia feito *ter habilidade para trabalhar em equipe* e *valorizar a ética profissional*?

Capítulo 2

2.1 Assuma que a sua profissão seja a de um cafeteiro que tem por obrigação conhecer todas as etapas para fazer cafezinho. Construa uma figura semelhante à Figura 2.2 para descrever a sua atividade. Estabeleça os seus *stakeholders*, bem como descreva detalhadamente o processo de fazer o cafezinho e o instrumental necessário para tanto.

2.2 Descreva o seu dia, desde o levantar-se até o deitar-se, utilizando-se de produtos oriundos do campo e da área de atuação do engenheiro químico.

2.3 O que faz um engenheiro químico? Como ele difere de outros profissionais de Engenharia?

2.4 Disserte sobre as semelhanças e diferenças de atribuições entre os profissionais de Engenharia Química, Química, Química Industrial e Técnico Químico.

2.5 Como a Engenharia Química se insere no campo da Nanologia? Exemplifique.

2.6 Qual a importância do engenheiro químico? Quais foram as contribuições da sua profissão no século XX para a humanidade e o que ele pode fazer para o século XXI?

2.7 Avalie a afirmação: "para definir a profissão do engenheiro químico, torna-se necessário vê-lo de modo sistêmico e não como um simples especialista inserido no setor químico".

Capítulo 3

3.1 O fármaco Verapamil® é indicado para o tratamento de doenças cardiovasculares, notadamente nos casos de angina, hipertensão arterial, fibrilação, taquicardia. Uma das características deste fármaco é que na primeira década do século XXI era comercializado em forma racêmica, ou seja como uma mistura equimolar de dois enantiômeros: (-)-(S)-verapamil e (+)-(R)--verapamil. É importante ressaltar que enantiômeros são compostos que apresentam a mesma fórmula molecular, mas que não se sobrepõem, sendo imagem especular do seu par complementar, denominado de antípoda óptico. A diferença entre as moléculas está na maneira como os átomos estão dispostos no espaço e na ordenação nas respectivas moléculas. Há uma série de vantagens na comercialização de enantiômeros puros sobre a comercialização da mistura racêmica, dentre elas: redução da dose e da carga no metabolismo; restrições menos rígidas na dosagem, ampliação do uso do fármaco; redução nas interações com outros fármacos de uso comum; aumento da atividade e redução na dosagem; aumento de especificidade e redução de efeitos colaterais. No caso do Verapamil®, o enantiômero (-)-(S)-verapamil é mais potente que o (+)-(R)-verapamil para os efeitos que permitem o tratamento das patologias citadas anteriormente. Por outro lado, no final da década de 2000, o valor do (-)-(S)-verapamil era cerca de quinhentas vezes mais caro que a mistura racêmica. Considerando este enunciado, discuta – detalhadamente – a importância dos conhecimentos essenciais à formação do engenheiro químico, contidos na Figura 3.1, com o objetivo de se processar a mistura racêmica do Verapamil® para a obtenção do (-)-(S)-verapamil.

3.2 Discuta sobre a importância do conhecimento das Ciências Naturais para a Engenharia Química. Como tal conhecimento pode contribuir para a evolução da tecnologia associada à Engenharia Química?

3.3 Tendo como base o Apêndice B, explique o que vêm a ser as Operações Unitárias.

3.4 Analisando a Figura 3.8, procure interpretar as diferenças entre:

a. Análise química por via seca e por via úmida.
b. Estocagem física e química.
c. Processos físico e químico.
d. Conformação e embalagem.
e. Rejeitos primário e industrializado.

3.5 Qual é a importância da área de Gestão Organizacional para a formação do engenheiro químico? Exemplifique.

3.6 Considerando o Quadro 2.6, construa uma árvore semelhante à representada na Figura 3.10, considerando a formação do engenheiro químico direcionada para:

a. Engenharia de Processos.
b. Engenharia Ambiental.
c. Vendas técnicas.

3.7 Construa a grade curricular do seu curso de graduação em Engenharia Química tendo como modelo os organogramas apresentados no Capítulo 3. Construa quadros semelhantes aos do Apêndice B onde constem ementas das disciplinas do seu curso.

Capítulo 4

4.1 Segundo a definição oferecida pelo Ministério de Ciência e Tecnologia, por meio da Lei 11.196, de 11/2005, Inovação Tecnológica é a concepção de novo produto ou processo de fabricação, bem como a agregação de novas funcionalidades ou características ao produto ou processo que implique melhorias incrementais e ganho efetivo de qualidade ou produtividade, resultando em maior competitividade no mercado/setor de atuação. A partir desse enunciado, avalie a seguinte afirmação: "A capacidade de inovar mais rapidamente do que os demais setores, oferecendo sempre novos produtos e modificando processos, permitiu notável crescimento à Indústria Química". Procure exemplos, na Indústria Química brasileira, para justificar a sua análise.

4.2 Como se classifica uma usina de açúcar que também produz álcool etílico? É uma indústria química? Faça a mesma análise para a indústria do petróleo.

4.3 Tendo em vista que a CNAE promove o enquadramento de produtos químicos por atividades, procure identificá-los, de acordo com a Divisão 24, como *commodities, pseudocommodities,* produtos de química fina ou especialidades químicas, segundo as características apresentadas no Quadro 4.1.

4.4 O que significa produto químico? Cerveja, aguardente, remédio para dor de cabeça e perfume podem ser considerados produtos químicos? E as indústrias que os produzem, são químicas? Como elas podem ser classificadas de acordo com o Quadro 4.1? Elabore a sua resposta pontuando os produtos citados nesta questão.

4.5 Considere o seguinte texto: "A pimenta longa *(Piper hispidinervium C. DC.)* é um arbusto encontrado na região amazônica, que fornece óleo essencial rico em safrol. Dentre os empregos do safrol está a sua conversão química em heliotropina, um fixador de fragrância; e em butóxido de piperonila, um agente sinergístico estabilizador do *pyrethrum,* cuja formulação constitui--se em um inseticida natural, biodegradável, usado no armazenamento e na conservação de alimentos". Identifique:

   a. Os tipos de indústrias envolvidos em cada etapa do processo produtivo.
   b. Os segmentos da Indústria Química de acordo com a CNAE.
   c. Produtos químicos de acordo com o Quadro 4.2.

4.6 Quais os produtos mais comuns, oriundos da Indústria Química, que você utiliza no seu dia a dia?

4.7 Discuta a seguinte afirmação: "Todas as grandes economias do mundo possuem Indústria Química forte, como, por exemplo, a China, os Estados Unidos, a Alemanha e o Japão, influenciando, inclusive, o destino da paz mundial". Qual é a influência dessas países a partir da 2ª Guerra Mundial na economia mundial?

Exercícios Propostos

Capítulo 5

5.1 Comente a seguinte afirmação do antropólogo Herskovitz: "O historiador da Pré-História não estuda culturas, mas indústrias".

5.2 Faça uma pesquisa sobre a Revolução Agrícola, comparando-a com a Revolução Industrial.

5.3 Estabeleça diferenças e semelhanças entre as diversas fases da indústria. Existe tecnologia em todas? Exemplifique.

5.4 Quais são as características da Revolução Industrial? Como poderíamos classificar um país como "atrasado"? Essa revolução atingiu somente o processo produtivo das nações?

5.5 Imagine que estejamos atravessando a 3ª fase da Revolução Industrial. Nos moldes do Quadro 5.1, descreva cinco descobertas, processos ou invenções que marcaram a humanidade a partir de 1945 até o ano 2000. Exemplifique.

5.6 Longo (2012) nos oferece a seguinte reflexão: "A produção de bens tenderá a ser direcionada para imediatismo de seu consumo, ocasionando ciclos de vida curtos dos produtos em que os negócios surgirão e desaparecerão igualmente em intervalos temporais mais reduzidos". Como se pode identificar tal fenômeno nos dias atuais? Exemplifique.

5.7 "Vivemos em um mundo cambiante no qual a única certeza é a incerteza." Esta é uma das características do final da primeira década do século XXI. Discuta, com a apresentação de exemplos, que a realidade que se apresenta exige habilitações do engenheiro químico que transcendem da formação puramente técnica, incluindo o interesse também na cultura da inovação e na capacidade de avançar no desconhecido.

Capítulo 6

6.1 Por que a Revolução Industrial foi determinante para o nascimento da Indústria Química moderna? Não havia este tipo de indústria antes? Exemplifique.

6.2 Em se tratando de origens, qual é a diferença fundamental entre as indústrias alemã e norte-americana? Desenvolva a sua resposta considerando apenas um fator diferencial.

6.3 O empreendedorismo é fundamental para o desenvolvimento de uma tecnologia e mesmo de um país. Como isso pode ser interpretado ao longo da história da Indústria Química?

6.4 Cite três utensílios relativos às Idades da Pedra e do Metal, bem como a sua aplicação no cotidiano daquelas épocas. Há alguns deles que ainda utilizamos em termos de concepção? Por que o século XX atravessou a Idade do Plástico? Qual seria a próxima Idade da humanidade? Exemplifique.

158   Vale a pena estudar Engenharia Química

6.5   Discuta os processos de globalização, da concentração, da especialização e da descentralização geográfica na Indústria Química. Como tais processos se aplicam ao Brasil?

6.6   Aponte quatro razões que alçaram a China como *país líder* da Indústria Química Mundial no final da primeira década do século XXI.

6.7   Por que a história da Indústria Química está dentro do próprio contexto da história da humanidade? Até onde as guerras influenciaram a Indústria Química e como se apresenta, neste contexto, o início do século XXI?

Capítulo 7

7.1   Analise, baseado em fatos históricos, a seguinte frase: "Considerando os primórdios do processo industrial, verifica-se que o Brasil sempre esteve atrelado à política de colonização econômica". Essa colonização deu-se até quando? Exemplifique.

7.2   Alguns autores consideram Rui Barbosa um grande intelectual, porém um péssimo economista. Você concorda? Qual é a importância de Rui para a história da industrialização no Brasil?

7.3   Getúlio Vargas, em 1939, afirmou: "Ferro, carvão e petróleo são os esteios da emancipação econômica de qualquer país". O presidente Vargas, possivelmente, baseou-se em qual fase da Revolução Industrial? Faça uma análise crítica dessa afirmação e procure contextualizá-la no período em que foi dita no Brasil em relação ao que estava acontecendo, na Indústria Química, nos países mais desenvolvidos na época.

7.4   Apesar de a Figura 7.1 ter sido construída para nos dar noção do comportamento da indústria de transformação no Brasil, como ela poderia estar relacionada às atividades do engenheiro químico? Afinal, por que é difícil construir uma figura semelhante para, especificamente, Indústria Química?

7.5   Qual é a característica básica do desenvolvimento da Indústria Química brasileira na década de 1960? Baseado nos produtos exportados e importados, analise a seguinte afirmação: "Até o final da década de 1960 o Brasil era, basicamente, um país exportador de matérias-primas e de produtos agrícolas, que alcançavam preços bem inferiores aos manufaturados e máquinas produzidos por nações plenamente industrializadas".

7.6   O Proálcool foi decisivo como alternativa tecnológica brasileira para a substituição do petróleo. Qual a semelhança que esse programa guarda com a utilização do carvão pela indústria alemã, e do petróleo pela indústria norte-americana no início da segunda fase da Revolução Industrial?

7.7   Considere o seguinte enunciado: "No final da década de 2000, o total de plantas de produtos químicos de uso industrial, no Brasil, atingiu o número de 1.051, pouco mais do que o dobro daquele número encontrado quando da arrancada na Indústria Química brasileira (na década de 1970). Por outro lado, o país apresentou um histórico preocupante de déficit na balança comercial, em que se verifica o crescimento explosivo no déficit de US$ 1,5 bilhão em 1991 para US$ 26,5 bilhões em 2011". Isto posto, faça uma análise detalhada a respeito da dicotomia apresentada nesta questão.

Capítulo 8

8.1   Qual é a diferença histórica básica entre os modelos alemão e norte--americano dos profissionais que trabalham no setor químico no final do século XIX?

8.2   Se a Engenharia Química é assim tão importante, por que os alemães conseguiram ser a primeira potência mundial no setor químico, até a Segunda Guerra Mundial, sem a presença do engenheiro químico em suas fábricas?

8.3   Por que o sonho de Davis foi realizado nos Estados Unidos e não na Inglaterra, sendo esta o berço da Revolução Industrial?

8.4   Com a passagem do domínio das Operações Unitárias para o dos Fenômenos de Transporte, salientou-se uma preocupação maior com a Ciência em relação à Tecnologia. Nesse sentido, qual é a diferença entre Tecnologia e Ciência da Engenharia Química?

8.5   Analise criticamente a seguinte afirmação: "Com o advento da Nanologia, há uma tendência de a Engenharia Química se voltar ao desenvolvimento de produtos altamente especializados, levando, com isso, a uma revisitação à sua história desde seus primórdios".

8.6   Pesquise sobre as razões de o ensino de Engenharia Química, nas últimas décadas do século XX, não ter passado por transformações substanciais de modo a acompanhar o ritmo da Indústria Química no mesmo período.

8.7   A partir de meados da segunda fase da Revolução Industrial até cerca do final do século XX é possível estabelecer períodos históricos para a Engenharia Química. Por outro lado, o início do século XXI é caracterizado por um período de transição. O que pode resultar para a Engenharia Química no século XXI? Exemplifique.

Capítulo 9

9.1   Como se insere a Engenharia Química no Brasil, de 1880 a 1920, no contexto mundial da história da Engenharia Química em período semelhante?

9.2   Por que a Química Industrial foi criada antes da Engenharia Química no Brasil? Procure responder tendo como ponto de partida os modelos alemão e norte-americano.

9.3 Faça uma análise crítica e comparativa entre o desenvolvimento da Engenharia Química no Brasil e nos Estados Unidos, tendo como base o período de 1920 a 1960.

9.4 Nomeie e caracterize, sucintamente, os períodos da história da Engenharia Química no Brasil até o final do século XX, associando-os à curva de aprendizado presente na Figura 9.2.

9.5 Faça um estudo comparativo entre a Indústria Química e as escolas de Engenharia Química, no Brasil, por meio da análise entre as Figuras 7.6 e 9.6, e entre as Figuras 7.7 e 9.7.

9.6 Verificou-se que, entre 2000 e 2013, o número de cursos de Engenharia Química triplicou. Aponte as razões para tanto e avalie a relação entre o aumento de cursos com a situação da balança comercial do setor químico no final da década de 2000, ilustrada na Figura 7.8.

9.7 Descreva a história da sua escola de Engenharia Química, incluindo-a no contexto nacional.

Capítulo 10

10.1 Por que se torna importante a retomada da Ética hoje em dia?

10.2 Por que o respeito a trabalhadores é essencial para a Ética Empresarial?

10.3 Pesquise e reflita sobre o que vem a ser assédio moral.

10.4 Por que as empresas devem ser éticas? Dá lucro ser ética? Explique.

10.5 Sabendo que Inovação Tecnológica se refere à introdução no mercado de um produto novo ou substancialmente aprimorado ou pela introdução na empresa, de um processo produtivo novo ou substancialmente aprimorado, qual deve ser a preocupação do engenheiro químico, além da sua formação técnica?

10.6 O que vem a ser Responsabilidade Social Empresarial? A empresa que exerce filantropia é socialmente responsável?

10.7 Quais as características e habilidades do engenheiro químico esperadas pela sociedade? Como você pode desenvolvê-las a partir de hoje?

Capítulo 11

11.1 Várias sociedades do passado, feito os Maia e os Anasazi, foram aniquiladas por diversos fatores, tais como efeitos da introdução de outras espécies sobre as espécies nativas, desmatamento e destruição do habitat etc. A sociedade, no século XXI, encontra-se vulnerável a fatores que podem estar diretamente associados ao aumento da industrialização química e à produção sem controle de produtos químicos. Faça uma análise de tal vulnerabilidade, tendo como base o estudo de Diamond (2005).

Exercícios Propostos

11.2 Por que o engenheiro químico deve ser ético? Qual o reflexo de suas ações no meio ambiente e para o futuro do planeta? Exemplifique.

11.3 No Quadro 11.1 constata-se o acidente ambiental provocado pela Indústria Cataguazes, em 2003. Pesquise a natureza e a consequência do acidente e faça uma análise crítica do caso tendo como base a Convenção OIT-174, estabelecida e adotada pela Organização Internacional do Trabalho (OIT), e o *Responsible Care Program*®.

11.4 Ao estudar um determinado acidente ecológico causado por uma indústria química, um grupo de alunos formulou o seguinte: "Todo o ocorrido mostrou a importância da avaliação prévia de impactos ambientais, fator crucial para a realização de qualquer projeto industrial. Um engenheiro químico deve ter, portanto, princípios éticos e consciência de que atitudes e decisões interferem no desenvolvimento da sociedade e na manutenção do meio ambiente. Pergunta-se: a análise dos alunos está fundamentada em alguma Norma (ISO 14000, *Responsible Care Program*®) ou foi 'achismo'"? Discuta a sua resposta com embasamento teórico.

11.5 Discuta o que vem a ser Desenvolvimento Sustentável e Sustentabilidade. Procure exemplos de indústrias químicas que adotam políticas sustentáveis em suas práticas gerenciais e de produção.

11.6 De que forma a prática da Química Verde e da Sustentabilidade associam-se à habilidade técnica do engenheiro químico? Exemplifique.

11.7 Quais são os compromissos, em termos de Responsabilidade Social e de Sustentabilidade, que os engenheiros químicos devem ter? Por quê? Discorra a sua resposta utilizando-se, também, dos conceitos de valores instrumentais e terminais.

QUESTÕES DE MÚLTIPLA ESCOLHA

1) De modo genérico, trata-se da essência da Engenharia a capacidade de:
   a. Avaliar criticamente a operação e a manutenção de sistemas.
   b. Calcular e resolver problemas de Engenharia.
   c. Criar e modificar as coisas.
   d. Planejar e coordenar projetos e serviços de Engenharia.
   e. Nenhuma das alternativas anteriores.

2) Considere as seguintes características: comunicar-se eficientemente nas formas escrita, oral e gráfica; atuar em equipes multidisciplinares; compreender e aplicar a ética e responsabilidade profissional; avaliar o impacto das atividades da Engenharia no contexto social e ambiental; assumir a postura de permanente busca de atualização profissional. Tais características dizem respeito a qual ramo de Engenharia?
   a. Engenharia Civil.
   b. Engenharia Elétrica.
   c. Engenharia Mecânica.
   d. Engenharia Química.
   e. Todas as alternativas estão corretas.

3) Espera-se que o engenheiro apresente um perfil oriundo de que tipo de formação?
   a. Específica, técnica, acrítica e conclusiva.
   b. Generalista, técnica, acrítica e reflexiva.
   c. Específica, humanista, crítica e conclusiva.
   d. Generalista, humanista, crítica e reflexiva.
   e. Nenhuma das alternativas anteriores.

4) As habilidades humana, conceitual e técnica referem-se, respectivamente, a:
   a. Executar atividade específica; pensar em termos de modelos, estruturas e amplas interligações; relacionamento humano proativo.
   b. Relacionamento humano proativo; pensar em termos de modelos, estruturas e amplas interligações; executar atividade específica.
   c. Pensar em termos de modelos, estruturas e amplas interligações; executar atividade específica; relacionamento humano proativo.

Exercícios Propostos **163**

d. Relacionamento humano proativo, executar atividade específica; pensar em termos de modelos, estruturas e amplas interligações.

e. Nenhuma das alternativas anteriores.

5) Segundo pesquisa POLI/USP – 1998, qual desses atributos é o mais valorizado em comparação aos demais, em se tratando de perfil do profissionais de engenharia:

a. Ter habilidade para trabalhar em equipe.

b. Ser fiel para a organização em que trabalha.

c. Valorizar a ética profissional.

d. Ter uma visão do conjunto da profissão.

e. Todas as alternativas anteriores.

6) Trata-se de área de atuação do engenheiro químico:

a. Manutenção periódica de máquinas de fiação, tecelagem, malharia e tingimento.

b. Pesquisa de reservas da agricultura, da pecuária e da pesca.

c. Prospecção de riquezas do solo e do subsolo, tais como minas de carvão e reservas de petróleo.

d. Desenvolvimento de técnicas para reduzir e recuperar materiais úteis a partir de rejeitos industriais.

e. Todas as alternativas anteriores.

7) Assinale qual das alternativas a seguir é a atribuição específica do profissional de Engenharia Química quando comparada com outros profissionais também da área de Química:

a. Direção, supervisão e responsabilidade técnica.

b. Operação e manutenção de equipamentos.

c. Projeto e especificação de equipamentos.

d. Pesquisa e Desenvolvimento de processos industriais.

e. Nenhuma das alternativas anteriores.

8) São produtos resultantes das áreas e campos de atuação do engenheiro químico:

a. Álcool, gasolina, óleo diesel, lubrificantes.

b. Antissépticos, anestésicos, antitérmicos, certos antibióticos.

c. Borracha sintética, tinta, cal, cimento.

d. Detergentes, desinfetantes, ceras, sabões.

e. Todas as alternativas anteriores.

9) São consideradas conquistas importantes da Engenharia Química no século XX:

a. Borracha e fibras sintéticas.

b. Gases puros e conversores catalíticos.

c. Medicamentos e isótopos radioativos.

d. Produtos petroquímicos e plásticos.

e. Todas as alternativas anteriores.

10) É considerada uma tendência de área de atuação do engenheiro químico:

a. Adaptação de processos químicos ou desenvolvimento de novos processos para a produção em larga escala de bioplástico, visando à substituição de plásticos oriundos da Indústria petroquímica.

b. Operação de unidades de separação óleo-água-gás na produção de petróleo e de gás natural em substituição à produção de coque a partir do carvão.

c. Produção de fertilizantes, tendo como base a fixação do nitrogênio presente no ar e a incorporação do potássio e do fósforo na sua composição em substituição à cinza oriunda da queimada de florestas.

d. Produção de drogas microencapsuladas para administração controlada de princípios ativos em substituição a drogas líquidas diluídas em solventes alcoólicos.

e. Todas as alternativas anteriores.

11) São consideradas Ciências da Engenharia Química:

a. Termodinâmica, Fenômenos de Transporte e Cinética Química.

b. Matemática, Física e Química.

c. Operações Unitárias, Processos Químicos e Reatores Químicos.

d. Biotecnologia, Controle e Automação.

e. Todas as alternativas anteriores.

12) São considerados Fundamentos da Engenharia Química:

a. Ciências e Tecnologias da Engenharia Química.

b. Fenômenos de transporte e Operações Unitárias.

c. Cinética e Reatores Químicos.

d. Operações e Processos Químicos.

e. Todas as alternativas anteriores.

Exercícios Propostos **165**

13) As funções básicas da *Administração* são:
    a. Diagnóstico; desenvolvimento; previsão; qualidade.
    b. Prognóstico; envolvimento; ação; responsabilidade.
    c. Planejamento; organização; direção; controle.
    d. Negócio; aperfeiçoamento; delegação; marketing.
    e. Nenhuma das alternativas anteriores.

14) Entende-se por *Processo*:
    a. Desenvolvimento de instrumentos que permitam saber em que etapa se está na produção de um determinado bem de consumo (ou de serviço).
    b. Conjunto de atividades realizadas em uma sequência lógica com o objetivo de produzir um ou mais bens de consumo (ou de serviço) para atender à necessidades dos *stakeholders*.
    c. Integração das equipes de projeto, tanto horizontal quanto verticalmente, por meio de relações de autoridade e sistemas de informação.
    d. Trata-se de uma mediação entre o conhecimento e a ação, com o suporte de recurso. Refere-se a uma estimativa de impacto no futuro das ações adotadas no presente.
    e. Nenhuma das alternativas anteriores.

15) Tem-se como definição de *Fluxograma* de processamento químico:
    a. Sequência necessária para definir exatamente as características do produto; a concepção da fábrica; projeto básico em que se estabelecem fluxo de produção, tipos de equipamentos e processos/operações unitárias e as suas características operacionais; o *layout* da fábrica e o aspecto econômico; balanços de massa e de energia, movimentação de materiais, diagramas de tubulações.
    b. Sequência adotada para levantar parâmetros do empreendimento industrial, abrangendo: estudo de mercado, de localização, definição de tecnologia e caracterização do processo produtivo e a definição preliminar de investimento e captação de recursos.
    c. Sequência suficiente para realizar a pesquisa de mercado para viabilizar a compra de equipamentos e suprimentos necessários à instalação industrial, nos quais estão envolvidos a qualidade, prazos de pagamento e de entrega e garantia.
    d. Sequência coordenada das conversões químicas e das Operações Unitárias, expondo, assim, os aspectos básicos do processo quími-

co. Indicam os pontos de entrada das matérias-primas e da energia necessária às etapas de transformação e também os pontos de remoção do produto e dos subprodutos.

e. Nenhuma das alternativas anteriores.

16) Considere o seguinte enunciado: "O eucalipto citriodora (*Eucalyptus citriodora*) é uma árvore cultivada no Estado de São Paulo. Das suas folhas é possível extrair um óleo essencial rico em citronelal, o qual é indispensável na fabricação de alguns produtos, como: cremes dentais, desinfetantes, antibactericida, repelentes e perfumes." A obtenção do óleo essencial e a conversão química do citronelal para a posterior fabricação dos produtos citados nesta questão dizem respeito a quais tipos de indústrias, respectivamente:

a. Base e de produção.

b. Leve e de produção.

c. Base e de ponta.

d. Pesada e de capital.

e. Nenhuma das alternativas anteriores.

17) Na Indústria Petroquímica, o etileno é um produto de:

a. Refinaria.

b. Primeira geração.

c. Segunda geração.

d. Terceira geração.

e. Nenhuma das alternativas anteriores.

18) De acordo com a Classificação Nacional de Atividades Econômicas (CNAE), Divisão 24, as Indústrias Químicas relativas à produção de *catalisadores* dizem respeito à fabricação de:

a. Tintas, vernizes, esmaltes, lacas e produtos afins.

b. Produtos químicos inorgânicos.

c. Produtos químicos orgânicos.

d. Produtos e preparados químicos diversos.

e. Todas as alternativas estão corretas.

19) Gases industriais, aromatizantes e corantes, sendo os dois últimos produzidos em pequenas quantidades, dizem respeito às seguintes classes de produtos químicos, respectivamente:

a. *Commodities*, química fina e especialidade.

b. Química fina, *pseudocommodities* e especialidade.

Exercícios Propostos

167

    c. Especialidade, *commodities* e *pseudocommodities*.

    d. *Pseudocommodities*, química fina e *commodities*.

    e. Nenhuma das alternativas anteriores.

20) A elaboração de produtos que raramente são vendidos ao consumidor final refere-se a:

    a. *Commodities*.

    b. *Pseudocommodities*.

    c. Especialidades.

    d. Química fina.

    e. Nenhuma das alternativas anteriores.

21) A história da indústria pode ser vista classicamente por meio, respectivamente, das seguintes fases:

    a. Artesanato, maquinofatura, manufatura.

    b. Maquinofatura, artesanato, manufatura.

    c. Artesanato, manufatura, maquinofatura.

    d. Maquinofatura, manufatura, artesanato.

    e. Nenhuma das alternativas anteriores.

22) Foram *setores determinantes* para o início da Revolução Industrial:

    a. Tear mecânico, metalurgia e máquina a vapor.

    b. Petróleo, tear mecânico e metalurgia.

    c. Máquina a vapor, petróleo e tear mecânico.

    d. Metalurgia, máquina a vapor e petróleo.

    e. Todas as alternativas estão corretas.

23) São fenômenos característicos da segunda fase da Revolução Industrial:

    a. Progressos na agricultura, com a produção de adubos, melhores grades e arados, invenção da debulhadora e da ceifadeira mecânica.

    b. Revolução nos transportes e nas comunicações, com a invenção da locomotiva, do navio a vapor e do telégrafo.

    c. Invenção do descaroçador de algodão e consequente desenvolvimento da Indústria Têxtil.

    d. Uso do coque para a fundição do ferro; a produção de lâminas de ferro e a produção do aço em pequena escala.

    e. Nenhuma das alternativas anteriores.

24) No final da Segunda Guerra Mundial, período que encerra a segunda fase da Revolução Industrial, o quanto existia de bens utilizados no ano 2000?
    a. 10%.
    b. 20%.
    c. 30%.
    d. 40%.
    e. Nenhuma das alternativas anteriores.

25) O início do século XXI aponta para algumas características do modo de produção e do próprio modo de vida. Assinale a alternativa que *não* corresponde a tais características:
    a. Produção de bens tenderá a ser direcionada para imediatismo de seu consumo.
    b. Ciclos de vida curtos dos produtos em que os negócios surgirão e desaparecerão igualmente em intervalos temporais mais reduzidos.
    c. Hiatos gerenciais causados pelas novas possibilidades abertas pelo avanço científico-tecnológico.
    d. Capacidade dos seres humanos e das instituições adaptarem-se à nova realidade.
    e. Nenhuma das alternativas anteriores.

26) Foi fator determinante para o nascimento da Indústria Química moderna:
    a. Os antigos egípcios, com o emprego da alizarina, um corante vermelho natural.
    b. Carother, com a obtenção da borracha sintética.
    c. Perkin, com o descobrimento por acaso da malva.
    d. Haber, com a revolucionária síntese direta da amônia.
    e. Todas as alternativas estão corretas.

27) O nylon, o teflon e o polietileno linear de alta densidade foram descobertos, respectivamente, por:
    a. Roy Plunket, Wallace Carother e Giulio Natta.
    b. Karl Ziegler, Giulio Natta e Roy Plunket.
    c. Giulio Natta, Karl Ziegler e Wallace Carother.
    d. Wallace Carother, Roy Plunket e Karl Ziegler.
    e. Nenhuma das alternativas anteriores.

Exercícios Propostos

28) Segundo Wongtschowski (2002), os principais motivadores para as transformações ocorridas no final do século XX para a Indústria Química foram:

a. A globalização, a dispersão, a massificação e a descentralização geográfica.

b. A democratização, a concentração, a especialização e a centralização geográfica.

c. A globalização, a concentração, a especialização e a descentralização geográfica.

d. A democratização, a dispersão, a massificação e a centralização geográfica.

e. Nenhuma das alternativas anteriores.

29) A maior indústria do setor químico no final da primeira década do século XXI é:

a. Sinopec – China.

b. Basf – Alemanha.

c. Dow Chemical – EUA.

d. Mitsubishi Chemical – Japão.

e. Nenhuma das alternativas anteriores.

30) A região que figurava como a *líder do comércio mundial*, exportando 44% e importando 37% dos produtos químicos mundiais no final da primeira década do século XXI, refere-se à:

a. União Europeia.

b. NAFTA.

c. Ásia.

d. América Latina.

e. Nenhuma das alternativas anteriores.

31) É considerado como o marco para o setor químico brasileiro:

a. A instalação em 1520 do primeiro engenho de açúcar, sendo esta a primeira atividade de transformação de matéria-prima em um produto viável economicamente em nosso país.

b. A instalação em São Paulo da Fábrica de Productos Chimicos de Luís de Queiroz & C. em 1895.

c. Fundação em 1905 do Moinho Santista que, futuramente, ampliou a sua atuação na área industrial química com a instalação, em 1934, da Sanbra e da Tintas Coral em 1936.

Vale a pena estudar Engenharia Química

d. A instalação em 1911 da Bayer do Brasil.

e. Todas as alternativas estão corretas.

32) A importância da criação do Grupo Executivo da Indústria Química (Geiquim), em 1964, reside no fato de este ser o primeiro instrumento de coordenação voltado especialmente para a Indústria Química no Brasil. Nesse instrumento, cabe citar o Decreto 55.759, que apresentava como metas:

a. Contribuir para fortalecer o empresário nacional e para a disseminação da propriedade do capital de empresas.

b. Contribuir para o aperfeiçoamento e disseminação da técnica, da pesquisa e da experimentação e para alterar as disparidades regionais do nível de desenvolvimento.

c. Ampliar unidades já existentes e melhorar a produção.

d. Dar preferência aos projetos que dispensassem ou exigissem menor grau de apoio governamental por via de financiamento, investimento ou garantia.

e. Todas as alternativas estão corretas.

33) Na última década do século XX, o segmento da Indústria Química brasileira que apresentou o maior faturamento foi o de:

a. Adubos e fertilizantes.

b. Higiene pessoal, perfumaria e cosméticos.

c. Produtos químicos de uso industrial.

d. Tintas, esmaltes e vernizes.

e. Nenhuma das alternativas anteriores.

34) No final da década de 2000, *o setor químico* respondeu por 2,4% do Produto Interno Bruto (PIB) do Brasil, colocando-se como:

a. A 1ª maior participação do PIB industrial brasileiro e a 10ª posição no cenário mundial.

b. A 2ª maior participação do PIB industrial brasileiro e a 9ª posição no cenário mundial.

c. A 3ª maior participação do PIB industrial brasileiro e a 8ª posição no cenário mundial.

d. A 4ª maior participação do PIB industrial brasileiro e a 7ª posição no cenário mundial.

e. Nenhuma das alternativas anteriores.

Exercícios Propostos

35) Em relação ao déficit crescente verificado na primeira década do século XXI, os *principais produtos importados* pelo Brasil, em 2010, estão associados a:

a. Produtos do setor de fármacos.

b. Insumos para a cadeia de fertilizantes.

c. Produtos petroquímicos.

d. Fibras artificiais e sintéticas.

e. Nenhuma das alternativas anteriores.

36) O progresso da indústria alemã, que a levou ao topo no setor durante a segunda fase da Revolução Industrial, foi baseado fortemente, exceto:

a. Na intensa interação entre os setores educacional e produtivo.

b. Na criação de cursos de Engenharia Química.

c. No recrutamento dos melhores egressos universitários para incorporá-los em seus laboratórios e fábricas com salários baixos.

d. Na criação de lei de patentes que desmotivavam a inovação tecnológica.

e. Todas as alternativas estão corretas.

37) O primeiro curso de Engenharia Química criado no mundo foi em:

a. Cambrige, EUA.

b. Londres, Inglaterra.

c. Paris, França.

d. Berlim, Alemanha.

e. Nenhuma das alternativas anteriores.

38) A fundação da primeira associação de engenheiros químicos no mundo, assim como a sistematização dos conceitos de Operações Unitárias, empregando-as como disciplinas e que revolucionaram o ensino da Engenharia Química, foram propostas, respectivamente, por quem e em que ano?

a. Arthur Little, em 1880; George Davis, em 1915.

b. George Davis, em 1880; Arthur Little, em 1915.

c. Arthur Little, em 1887; George Davis, em 1921.

d. George Davis, em 1887; Arthur Little, em 1921.

e. Nenhuma das alternativas anteriores.

39) O estabelecimento da profissão de Engenharia Química, principalmente nos Estados Unidos, deu-se no período:
   a. 1850-1880.
   b. 1880-1915.
   c. 1915-1960.
   d. 1960-2000.
   e. Nenhuma das alternativas anteriores.

40) No início do século XXI, qual a porcentagem de formados em Engenharia Química na Europa?
   a. 15%
   b. 25%
   c. 35%
   d. 45%
   e. Nenhuma das alternativas anteriores.

41) O primeiro curso de Engenharia Química no Brasil foi criado em qual universidade?
   a. IME.
   b. UFPR.
   c. UFRJ.
   d. UFBA.
   e. Nenhuma das alternativas anteriores.

42) O reconhecimento da profissão de engenheiro químico no Brasil ocorreu:
   a. No final da década de 1930.
   b. No início da década de 1940.
   c. No final da década de 1950.
   d. No início da década de 1960.
   e. Nenhuma das alternativas anteriores.

43) A fase de crescimento da criação de cursos de graduação em Engenharia Química no Brasil, no século XX, ocorreu entre as décadas:
   a. 1900-1920.
   b. 1920-1950.
   c. 1950-1980.
   d. 1980-2000.
   e. Nenhuma das alternativas anteriores.

Exercícios Propostos

44) Tratou-se de um Encontro que objetivava a melhoria e a qualidade do ensino de Engenharia Química no Brasil:
   a. ENBEQ.
   b. ENEMP.
   c. ENCIT.
   d. ENPROMER.
   e. Nenhuma das alternativas anteriores.

45) O *boom* de crescimento de cursos de graduação em Engenharia Química, na primeira década do século XXI, está relacionado com alguns fatores que impulsionaram a criação de novos cursos. Assinale a alternativa que não contribuiu, diretamente, para esse fenômeno:
   a. Aprovação da Lei de Diretrizes e Bases em 1996, por meio da qual foi anulada a Resolução 48/76, que estabelecia o currículo mínimo dos cursos de engenharia.
   b. Flexibilização, em 2002, no que é exigido em relação à organização e estrutura dos cursos pela resolução CNE/CES, que instituiu diretrizes curriculares nacionais do curso de graduação em engenharia.
   c. Influência da indústria do petróleo em alguns estados da nação, tais como Sergipe, Espírito Santo e Bahia.
   d. Aumento substancial do déficit da balança comercial do setor químico nacional, o qual demandou a formação de recursos humanos para o setor.
   e. Nenhuma das alternativas anteriores.

46) Trata-se de consequência do nascimento da Indústria Química moderna, cuja falta de controle gera a natureza antiética associada ao processo produtivo:
   a. Advento da máquina em substituição ao ser humano e consequente perda em relação à habilidade humana de inter-relacionamento; muitos trabalham sem condições mínimas para tal, para lucros de poucos.
   b. Aumento do poder econômico de poucos com o aumento da escala de produção. Produzir mais, gastar de menos.
   c. Nascimento e crescimento de indústrias de transformação e consequente aumento da utilização de combustíveis fósseis para gerar energia o suficiente e assim aumentar a produção.
   d. As três alternativas anteriores estão corretas.
   e. Nenhuma das alternativas anteriores.

47) As dimensões de Responsabilidade Social Empresarial, segundo Carroll, são:

a. Econômica, legal, técnica e filantrópica.

b. Econômica, ambiental, ética e filantrópica.

c. Econômica, legal, ética e filantrópica.

d. Econômica, ambiental, técnica e filantrópica.

e. Todas as alternativas estão corretas.

48) As tomadas de decisões devem ser feitas considerando-se os efeitos das ações, honrando o direito dos outros, cumprindo deveres e evitando prejudicar o outro. Essa responsabilidade também inclui a procura da justiça e equilíbrio nos interesses dos *stakeholders*. Esta dimensão é caracterizada, de acordo com Carroll, por Responsabilidade:

a. Ética.

b. Econômica.

c. Ambiental.

d. Técnica.

e. Nenhuma das alternativas anteriores.

49) A sociedade espera as seguintes características do engenheiro químico:

a. A consciência de que ações pessoais, técnicas e gerenciais afetam, direta e indiretamente, a vida das pessoas e do meio que as cerca.

b. Desenvolvimento e aprimoramento de valores morais, pois somente a determinação das pessoas de agir com ética pode garantir o comportamento ético de uma organização.

c. Conhecimento da Lei e de normas reguladoras, assim como o envolvimento proativo na comunidade, usando ou não as suas habilidades técnica e conceitual.

d. As três alternativas anteriores estão corretas.

e. Nenhuma das alternativas anteriores.

50) São as seguintes responsabilidades que a sociedade espera do engenheiro químico:

a. Espiritual; social; científica; legal; ética.

b. Individual; técnica; legal; ética; social.

c. Individual; científica; legal; ética; social.

d. Espiritual; social; técnica; legal; ética.

e. Nenhuma das alternativas anteriores.

Exercícios Propostos

51) Assinale a alternativa correta em relação às causas que, segundo Diamond (2005), contribuíram para que algumas sociedades do passado entrassem em colapso

a. Problemas com o solo, como erosão, salinização e perda de fertilidade.

b. Gestão da água, em que períodos prolongados com baixa precipitação tornaram inviável a sobrevivência de populações na história da humanidade.

c. Excesso de caça e sobrepesca, reduzindo a reposição de dieta animal.

d. Aumento demográfico com grande demanda e recursos limitados.

e. Todas as alternativas estão corretas.

52) O vazamento de 41 mil toneladas de metil isocianato da Union Carbide, que ocasionou a morte de mais de 2 mil pessoas, ocorreu em:

a. Donora, EUA.

b. Bhopal, Índia.

c. Flexborough, Inglaterra.

d. Oppau, Alemanha.

e. Nenhuma das alternativas anteriores.

53) A série ISO 9000 diz respeito ao:

a. Gerenciamento do processo com ênfase na preservação do meio ambiente, tratando de minimizar os efeitos nocivos que certas atividades possam causar.

b. Gerenciamento calcado em padrões de Responsabilidade Social e de prestação de contas desenvolvida para garantir determinados direitos dos trabalhadores inseridos no cenário global.

c. Gerenciamento de processos, que permite a implementação efetiva dos princípios diretivos, estabelecendo os elementos que devem estar contidos nos programas internos de saúde, segurança e meio ambiente das empresas.

d. Gerenciamento de processos sob o enfoque da gestão de qualidade, conceituando qualidade como as propriedades de um produto ou serviço necessário para satisfazer os clientes.

e. Todas as alternativas estão corretas.

54) As dimensões clássicas do Desenvolvimento Sustentável são:

a. Ambiental, Econômica e Social.

b. Ambiental, Ética e Social.

c. Ambiental, Econômica e Ética.

d. Econômica, Ética e Social.

e. Nenhuma das alternativas anteriores.

55) A Química Verde refere-se à prática industrial da química que visa:

a. Fabricar e lançar no mercado substâncias que não sejam nocivas para a saúde dos seres vivos e que não deteriorem o ambiente;

b. Usar processos de fabricação de substâncias que não dispersem poluentes nem produzam resíduos tóxicos.

c. Usar preferencialmente matérias-primas substâncias oriundas de recursos naturais renováveis, de modo a poupar os recursos não renováveis;

d. Usar preferivelmente energias renováveis.

e. Todas as alternativas estão corretas.

Exercícios Propostos

GABARITO DAS QUESTÕES DE MÚLTIPLA ESCOLHA

1 - C			29 - B
2 - E			30 - A
3 - D			31 - B
4 - B			32 - E
5 - A			33 - C
6 - E			34 - D
7 - C			35 - B
8 - E			36 - B
9 - E			37 - A
10 - A			38 - B
11 - A			39 - E
12 - A			40 - B
13 - C			41 - E
14 - B			42 - E
15 - D			43 - C
16 - C			44 - A
17 - B			45 - D
18 - D			46 - D
19 - A			47 - C
20 - B			48 - A
21 - C			49 - D
22 - A			50 - B
23 - E			51 - E
24 - B			52 - B
25 - D			53 - D
26 - C			54 - A
27 - D			55 - E
28 - C			

DISCIPLINAS E EMENTAS CARACTERÍSTICAS DE UM CURSO DE GRADUAÇÃO EM ENGENHARIA QUÍMICA

Quadro B.1 Introdução à Engenharia Química.

Introdução à Engenharia Química	O que é Engenharia Química. Importância da Engenharia Química. Campos e áreas de atuação do profissional de Engenharia Química. Formação do engenheiro químico. História da Indústria Química. História da Engenharia Química. Engenharia Química Responsável e Sustentável.
Introdução aos Processos da Indústria Química	A Indústria Química. Produto químico. Processos Químicos. Fluxograma de processos. Descrição de processos da Engenharia Química.
Princípios de Processos Químicos e Bioquímicos	Sistema de unidades. Conversão de unidades. Conservação de massa e de energia. Estequiometria. Balanços de massa e de energia. Balanços com reações químicas. Conceitos termodinâmicos. Formas de energia. Princípios e funções termodinâmicas aplicados ao balanço de energia. Sistemas aberto e fechado.

Quadro B.2 Ciências Humanas.

Português	Ortografia. Frase, oração, período. Substantivo. Artigo. Adjetivo. Pronomes. Numerais. Verbo. Advérbio. Preposição. Conjunção.O período e a sua construção. Discurso direto, discurso indireto e discurso indireto livre. Pontuação. Concordâncias e regências verbal e nominal.
Comunicação e Expressão	Técnicas de redação científica. Produção, interpretação e análise de textos. Expressão e comunicação verbal. Oratória. Elementos do discurso. Técnicas de apresentação de trabalhos técnicos e científicos.
Pesquisa em Engenharia Química	Concepção, métodos e técnicas de pesquisas. Identificação do problema de pesquisa. Objetivos da pesquisa. Construção de um projeto de pesquisa.
Filosofia	A Filosofia. O conhecimento científico. A ciência experimental e o método hipotético-dedutivo. O avanço tecnológico. Ciência, tecnologia e o mundo atual.
Ética	O que é Ética. Ética geral e profissional. Moral e valores. Reflexões sobre a ética profissional do engenheiro químico em relação aos *stakeholders* e à prática profissional. A questão da cidadania.
Ciências Sociais	As Ciências Sociais. Estratificação social e mobilidade. A ordem na sociedade. A ordem jurídica. O ser humano nas organizações. Realidade social. Responsabilidade social comunitária. Responsabilidade social empresarial.
Direito	Noções gerais de Direito. O sistema constitucional brasileiro. Noções de Direito Civil, Comercial, Administrativo, Tributário, Ambiental e do Trabalho. Regulamentação profissional do engenheiro químico.

Quadro B.3 Ciências Biológicas.

Microbiologia	Célula. Organelas celulares. Classificação do sistema biológico. Principais grupos de micro-organismos. Métodos utilizados no isolamento de micro-organismos. Reprodução de micro-organismo. Culturas de células vegetais e animais.
Bioquímica	Aminoácidos e proteínas. Ligação peptídica. Conformação de proteínas. Enzimas. Biossíntese e metabolismo de aminoácidos. Síntese degradação de glicídeos e de lipídeos.
Biotecnologia	Introdução aos processos biotecnológicos utilizando micro-organismos de importância para a indústria. Principais grupos de micro-organismos envolvidos na produção dos principais produtos fermentados: antibióticos, biopolímeros, aminoácidos, etanol, alimentos, enzimas e anticorpos.

Disciplinas e Ementas

Quadro B.4 Química.

Química Geral	Nomenclatura dos compostos químicos. Estrutura atômica. Tabela periódica. Estrutura eletrônica dos átomos. Natureza e teoria das ligações químicas. Reações químicas. Estequiometria e cálculos para as transformações químicas em geral. Equilíbrio químico e eletroquímico.
Química Inorgânica	Propriedades periódicas. Elementos representativos e de transição. Propriedades dos compostos iônicos e covalentes. Química dos compostos de coordenação. Teorias de ácidos e bases. Solventes. Ligas metálicas. Síntese de compostos inorgânicos.
Química Orgânica	Compostos de carbono e ligações químicas. Representações de compostos de carbono. Orbitais híbridos. Hidrocarbonetos. Petróleo. Alcoóis. Éteres. Aldeídos e cetonas. Ácidos carboxílicos e seus derivados. Aminas e amidas. Compostos heterocíclicos. Polímeros. Síntese orgânica.
Química Analítica	Fundamentos teóricos de Química Analítica. Reações ácido-base. Reações de precipitação. Reações de complexação. Reações de oxirredução. Soluções eletrolíticas. Reações iônicas em soluções. Força iônica e atividade. Equilíbrio iônico. Classificação dos métodos de análise.
Análise Instrumental	Erros e tratamento de dados estatísticos. Gravimetria. Volumetria. Métodos ópticos de análise. Métodos eletroquímicos. Voltametria. Cromatografia.
Físico-Química	Sistemas físico-químicos. O modelo termodinâmico. Energia e equilíbrio. Conceitos fundamentais da termodinâmica. Leis da termodinâmica. Regra de fases. Equilíbrio químico. Cinética química. Teoria cinética dos gases. Coeficientes de transporte. Propriedades de líquidos e sólidos. Eletroquímica. Interface.
Materiais em Engenharia Química	Características exigidas e estrutura interna dos materiais usados em Engenharia Química. Ligação atômica. Estrutura e imperfeições cristalinas. Diagrama de fases. Materiais cerâmicos. Materiais poliméricos. Polímeros naturais e sintéticos. Técnicas de polimerização.

Quadro B.5 Física.

Estática e Mecânica	Fundamentos da mecânica newtoniana. Estática e mecânica do ponto material. Sistemas de partículas. Referenciais acelerados. Sistemas de forças aplicadas a um corpo rígido. Estática e dinâmica dos corpos rígidos. Análise de estrutura. Forças distribuídas. Forças em vigas. Momento de inércia.
Cinemática e Dinâmica	Sistemas de unidades. Equilíbrio da partícula e do sólido no plano. Estudo vetorial de curvas. Cinemática e dinâmica da partícula. Dinâmica dos sistemas de partículas. Dinâmica da rotação. Fluidos em repouso e em movimento. Movimentos periódico e ondulatório. Som.
Eletricidade	Carga e matéria. Campo elétrico. A lei de Gauss. Potencial elétrico. Capacitores e dielétricos. Corrente e resistência elétrica. Campo magnético. Força eletromotriz induzida. Propriedades magnéticas da matéria. Leis de Ampère e Faraday. Indutância.
Eletrotécnica	Corrente alternada. Circuitos de corrente alternada. Aterramentos. Motores monofásicos e trifásicos. Fator de potência. Transformadores. Motores elétricos. Instalações elétricas.
Óptica	Óptica geométrica. Óptica eletrônica. Natureza e propagação da luz. Ondas e superfícies planas. Ondas e superfícies esféricas. Redes, espectros e polarização. Ondas e partículas.
Resistência dos Materiais	Tração, compressão e cisalhamento. Análise de tensões e deformação. Vasos de pressão. Torção e flexão em barras. Estabilidade dos materiais nas condições de serviço.

Quadro B.6   Matemática.

Cálculo	Funções reais de uma variável real. Limite. Continuidade. Derivada. Integral. Técnicas de integração. Funções de várias variáveis reais. Fórmula de Taylor. Máximos e mínimos. Integrais múltiplas. Integrais de linha e de superfície. Sequências e séries numéricas e de funções. Equações diferenciais de 1ª ordem e ordem n. Sistemas de equações diferenciais. Transformada de Laplace.
Geometria Analítica e Álgebra Linear	Sistemas lineares. Espaços vetoriais reais. Produtos escalar e vetorial. Retas e planos. Distâncias. Cônicas e quadráticas. Coordenadas cartesianas, cilíndricas e esféricas. Dependência e independência linear. Espaço vetorial real. Transformações lineares. Matrizes. Autovalores e autovetores.
Estatística	Fases do trabalho estatístico. Linguagem estatística: quadros, tabelas e gráficos. Distribuição de frequência. Média, mediana, moda e outras medidas da tendência central. O desvio padrão e outras medidas de dispersão. Teoria da amostragem. Regressão. Correlação. Probabilidade. Análise estatística de dados, variáveis e gráficos.
Matemática Financeira	Balanços contabilísticos. Capital, juro e montante. Regime de capitalização. Fluxo de caixa. Juros simples. Taxas equivalentes. Valor nominal e atual. Taxas efetivas. Juros compostos. Períodos fracionários. Capitalização com taxas variáveis. Taxa bruta e taxa líquida. Equivalência de capitais a juros compostos.
Desenho Técnico	Teoria elementar do desenho projetivo. Projeções ortogonais. Leitura e interpretação de desenhos. Escalas. Desenhos com instrumentos. Cortes e representações convencionais. Aplicação de tolerância.
Fundamentos de Informática, Algoritmos e Programação de computadores	Fundamentos da computação e de computadores. Técnicas básicas de programação. Estrutura de dados. Fundamentos de algoritmos e sua representação em linguagem de alto nível. Estudo pormenorizado de uma ou mais linguagens. Desenvolvimento sistemático e implementação de programas. Modularidade, depuração, testes e documentação de programas.
Cálculo e Métodos Numéricos	Sistemas lineares. Interpolação polinomial. Séries. Raízes da função. Regressão. Integração numérica. Erros. Resolução numérica de equações algébricas não lineares e de sistemas algébricos lineares ou não lineares. Resolução numérica de equações diferenciais ordinárias e parciais e de sistemas de equações diferenciais. Utilização de recursos computacionais.
Modelagem, Simulação e Otimização de Processos	Classificação dos modelos aplicados na análise e simulação de processos químicos e bioquímicos. Aplicação de métodos numéricos em problemas de Engenharia Química. Técnicas de linearização. Técnicas de perturbação. Modelos estáticos e dinâmicos. Simulação e resolução de modelos. Introdução a programas computacionais de simulação de processos. Simulação e análise de processos. Otimização de processos.

Disciplinas e Ementas

183

Quadro B.7 Ciências da Engenharia Química.

Termodinâmica	Propriedades de uma substância pura. Trabalho e calor. Leis da Termodinâmica. Entropia. Relações entre grandezas termodinâmicas. Métodos de predição de propriedades termodinâmicas. Equilíbrio químico. Equilíbrio de fases. Solução ideal. Equilíbrio em sistemas não ideais. Sistemas binários. Soluções e suas propriedades. Irreversibilidade e disponibilidade. Ciclos motores e de refrigeração.
Mecânica dos Fluidos	Propriedades fundamentais dos fluidos. Estática dos fluidos. Equações gerais da dinâmica dos fluidos. Análise dimensional. Camada limite laminar dinâmica. Escoamento em regime turbulento. Escoamento em tubos, corpos imersos e em leito de recheio.
Transferência de Calor	Propriedades térmicas. Condução de calor em regime estacionário e transiente. Convecção térmica natural e forçada. Camada limite térmica. Transferência de calor no escoamento turbulento. Transferência de calor com mudança de fase. Radiação.
Transferência de Massa	Coeficiente de difusão. Difusão mássica. Equações de transferência de massa. Transferência de massa em regime estacionário e transiente. Transferência de massa com reação química. Convecção mássica natural e forçada. Camada limite mássica. Transferência de massa no escoamento turbulento. Transferência simultânea de calor e de massa. Transferência de massa entre fases.
Cinética e Catálise em Sistemas Químicos e Bioquímicos	Cinética das reações homogêneas. Teorias da cinética de reações elementares em fase gasosa e líquida. Reações complexas. Determinação de parâmetros cinéticos. Catálise homogênea. Adsorção e catálise heterogênea. Catalisadores. Isotermas de adsorção. Desativação de catalisadores. Cinética da catálise heterogênea. Cinética microbiana. Cinética enzimática.

Quadro B.8 Tecnologia da Engenharia Química.

Operações em Sistemas Particulados e Fluidomecânicos	Bombas, ventiladores, sopradores e compressores Sistema de agitação. Caracterização de partículas e sistemas particulados. Dinâmica da interação sólido-fluido. Peneiração. Elutriação. Colunas de recheio. Fluidização. Transportes hidráulico e pneumático. Filtração. Sedimentação. Flotação. Agitação e mistura. Centrifugação. Ciclones. Dimensionamento de equipamentos de separação mecânica.
Operações Energéticas	Trocadores de calor recuperativos de processo. Transferência de calor e escoamento de fluidos nos trocadores de calor. Distribuição de temperatura. Projeto dinâmico e térmico de trocadores de calor. Combustão e geração de vapor. Caldeiras. Evaporação. Refrigeração. Dimensionamento de equipamentos de operações energéticas.
Operações de Transferência de Massa	Processos de separação e operações de separação em estágios. Absorção. Extração. Lixiviação. Destilação. Adsorção. Cristalização. Secagem. Separação por membranas. Separação e purificação de bioprodutos. Dimensionamento dos equipamentos de separação.
Reatores Químicos e Bioquímicos	Reatores químicos. Classificação dos reatores e princípios gerais de seus cálculos. Reatores químicos ideais isotérmicos e não isotérmicos. Reatores não ideais. Reatores catalíticos. Biorreatores. Reatores enzimáticos. Reatores batelada e contínuo. Dimensionamento de reatores.

Quadro B.9 Gestão Tecnológica.

Projeto de Processos Químicos e Bioquímicos	Projeto de processos da Indústria Química. Escolha do projeto. Avaliação de segurança e impacto ambiental. Seleção do processo. Estudo da viabilidade econômica do processo. Novos produtos e processos. Descrição de processos. Seleção e especificação de equipamentos e de materiais. Estudo do arranjo físico. Localização e implantação da indústria. Balanços materiais e de energia. Dimensionamento das unidades de processo. Otimização de processos da Indústria Química.
Avaliação e Análise Técnico-econômica de Projeto na Engenharia Química	Diagnóstico da empresa. Etapas do projeto global de uma Indústria Química. Documentos do projeto. Folhas de dados e especificações. Estimativa de investimentos. Custos dos equipamentos, instrumentação, mão de obra e instalações. Análise econômica do investimento. Operacionalidade do projeto.
Instalações Industriais	Noções de desenho técnico e de tubulações. Materiais e suas aplicações. Dimensionamento de tubulações e seus acessórios: válvulas, purgadores, filtros, conexões e suportes. Linhas de vapor. Projeto de instalação: *layout*, planta, isométrico e lista de materiais. Instalações hidráulicas, ar comprimido, vácuo, gases e outros. Instalações de geradores e turbinas a vapor. Instalações de linha de vapor. Instalações elétricas de baixa tensão.
Controle de Processos	Conceitos básicos de controle de processo. Modelagem dinâmica de processos. Conceitos e aplicações práticas de simulação dinâmica de processos. Dinâmica dos sistemas de controle. Controle convencional. Sistemas e equipamentos de controle. Controle avançado. Avaliação de sistemas de controle. Estabilidade. Controle multivariável e digital.
Instrumentação na Indústria Química	Circuitos de corrente contínua. Análise de circuitos. Dispositivos semi-condutores. Amplificadores operacionais. Sensores e transdutores. Medidas de pressão, temperatura, vazão, nível e densidade. Medidas de propriedades fenomenológicas de transporte. Transmissores pneumáticos e eletrônicos. Controladores.
Processos Químicos Inorgânicos	Situação tecnológica do setor químico inorgânico. Combustíveis. Utilidades. Energia na Indústria Química. Ar líquido e gases industriais. Amônia, ácido nítrico e nitratos. Cloro, soda cáustica, hidrogênio e sódio. Cloreto de sódio, carbonato de sódio e ácido clorídrico. Ácido sulfúrico. Fósforos e fosfatos. Fertilizantes. Tratamento de água para uso industrial. Tratamento de efluentes. Poluentes atmosféricos e seu tratamento.
Processos Químicos Orgânicos	Situação tecnológica da Indústria petrolífera e da petroquímica, de química fina, farmacêutica, de corantes e pigmentos e de defensivos agrícolas. Ácidos. Alcoolquímica. Carboquímica. Óleos, gorduras, sabões e glicerol. Detergentes. Celulose e papel. Petroquímica. Polímeros naturais e sintéticos.
Processos Biotecnológicos	Principais processos biotecnológicos. Processos fermentativos e enzimáticos. Linha de fabricação do etanol por fermentação. Manufatura de soros e vacinas. Tratamento biológico de efluentes.

Disciplinas e Ementas

185

Quadro B.10 Gestão Organizacional.

Gestão Industrial	Teoria, princípios e elementos da Administração. Organização funcional e operacional. Processos e técnicas do planejamento. Planejamento e controle da produção. Administração de compras. Comunicações interna e externa. Transporte interno de materiais. Fornecedor e cliente. Organogramas. Programas de produção. Qualidade. Inspeção e controle de qualidade. Certificações e entidades certificadoras.
Gestão Financeira	Objetivo da gestão financeira nas empresas. O processo de produção visto pelas ópticas micro e macroeconômica. Origens dos recursos: capital próprio e o capital de terceiros. Planejamento financeiro. Custo de fábrica e preço de venda. Investimentos. Riscos.
Gestão de Pessoas	Introdução ao processo de gerenciamento. Relações humanas. Princípios psicológicos que fundamentam as relações de trabalho, abrangendo chefia e liderança: comunicação, recrutamento, seleção e orientação profissional. Necessidades e motivação. Negociação e administração de conflitos. Processo de mudanças. Cultura organizacional.
Gestão Ambiental	A consciência ecológica. Preservação ambiental. Poluentes gasosos, líquidos, sólidos e seus efeitos. Sistemas de controle de poluições hídrica, atmosférica e do solo em processos industriais. Critérios de qualidade do ar e da água. Custos ambientais. Custos de implantação e manutenção de sistemas de controle. Componente ambiental na análise de custos da empresa. Legislação correlata.
Segurança do Trabalho	Organização da Segurança e Medicina do Trabalho. Ergonomia. Rotulagem preventiva de materiais. Equipamentos de proteção individual. Gases e vapores. Produtos químicos tóxicos, corrosivos e inflamáveis. Transporte e armazenamento de produtos perigosos. Disposição de resíduos. Seleção de equipamentos. Manutenção preventiva e corretiva. Análise de perigos e operabilidade. Análise de árvores de falhas e de eventos. Análise e avaliação de consequências e de vulnerabilidade. Gerenciamento de riscos. Planos de emergências.

FATOS E EVENTOS HISTÓRICOS ASSOCIADOS À ENGENHARIA QUÍMICA ATÉ O FINAL DO SÉCULO XX

~ 6 milhões a.C: O primeiro ancestral do ser humano.
~ 3 milhões a.C: O ser humano inicia a tecnologia ao lascar a pedra.
~ 400 mil a.C: O ser humano domina o fogo.
~ 40 mil a.C: Provável presença do ser humano em terras brasileiras.
~ 30 mil a.C: O ser humano conhece a tinta.
~ 10 mil a.C: Indícios de pinturas em cavernas no Brasil.
~ 8 mil a.C: Revolução Agrícola. Primeiras tecelagens, cerâmicas (inclusive no Brasil).
~ 6 mil a.C: Cerveja feita a partir de cevada maltada é fabricada na Mesopotâmia.
~ 6 mil a.C: Descoberta de gás natural no que é hoje território do Irã.
~ 4 mil a.C: Descoberta tecnológica do chumbo e do cobre.
~ 3 mil a.C: O Brasil estava quase todo ocupado pelo ser humano.

~ 2,5 mil a.C:	Primeiras cerâmicas chinesas.
~ 2,3 mil a.C:	Os hebreus utilizam coalhada como aglutinante.
~ 2,3 mil a.C:	Fabricação da cerveja na China a partir do arroz.
~ 2 mil a.C:	Utilização do gás natural na Pérsia para manter aceso o "fogo eterno", símbolo de adoração de seita local.
~ 1,5 mil a.C:	Aglutinantes são desenvolvidos no Egito: goma arábica, clara de ovos, gelatina, cera de abelhas.
~ 440 a.C:	Demócrito propõe o conceito de átomo como sendo partícula indivisível e indestrutível, estando presente em todas as coisas.
~250 a.C:	Arquimedes observa a densidade relativa entre os corpos por meio de suas forças de empuxo.
~ 210 a.C:	Chineses utilizam o gás natural para secar pedras de sal.
Séc. I a.C:	A pintura romana, a serviço da arquitetura, desenvolve técnicas de têmpera e afresco.
~ 80 a.C:	Descoberta do âmbar, uma resina termoplástica proveniente de árvores fossilizadas.
~ 70:	Plínio, o Velho, escreve História natural em 39 volumes, compondo uma enciclopédia sobre todo o conhecimento científico de seu tempo.
~ 130:	Ptolomeu propõe a Terra como o centro do universo.
~ 800:	Descoberta da hulha na Inglaterra.
~ 900:	Os árabes descobrem o óxido e o sulfato de zinco.
~ 1000:	Obtém-se álcool etílico por destilação do vinho.
~ 1300:	Utilização das primeiras armas de fogo.
~ 1300:	Aparecimento das primeiras fundições no Ocidente.
Séc. XIV:	Sob a dinastia Ming, os chineses desenvolvem esmaltes de chumbo e tintas resistentes ao fogo, para uso em porcelanas.
1492:	Colombo "descobre" a América.
1500:	Cabral "descobre" o Brasil.
1500:	Leonardo da Vinci propõe que os animais não poderiam sobreviver em uma atmosfera que não sofra combustão.
1502:	Os portugueses trazem a cana-de-açúcar da Ilha da Madeira para o Brasil.
1520:	Instala-se o primeiro engenho de açúcar no Brasil.
1540:	Gutenberg aprimora a imprensa.
1543:	Copérnico propõe o modelo heliocentral, em que o Sol, e não a Terra, é o centro do universo.
1550:	Primeira menção à borracha natural feita por Valdez após expedição à América Central.

Fatos e Eventos Históricos

189

Séc. XVII: Ossos moídos (animais e humanos) são bastante usados, como adubo, na Europa.

1608: Introdução no Brasil da moenda vertical com dois ou três tambores, que veio a ser um passo importante no desenvolvimento da técnica no engenho de açúcar.

1632: Ray desenvolve o primeiro termômetro de água.

1640: Produção do coque a partir do carvão.

1644: Torricelli desenvolve o barômetro.

1647: Pascal determina a pressão do ar e também inventa uma máquina que adiciona e subtrai, sendo esta uma remota precursora das máquinas de calcular.

1662: Boyle encontra que o volume ocupado no mesmo recipiente por qualquer gás à temperatura constante é inversamente proporcional à pressão.

1662: Inicia-se a produção de sal em escala comercial no Brasil.

1665: Kenelm Digby, na Inglaterra, constata o efeito benéfico do nitrato de potássio na produção de adubo.

1687: Newton publica *Philosophiae naturalis principia matematica*. Nesse livro, Newton lança os fundamentos da mecânica, a teoria da gravitação, a teoria da luz e, concomitantemente, Leibnitz inventa o cálculo infinitesimal.

1690: Máquina a vapor de Papin.

1702: Inicia-se a produção de salitre no Brasil.

1709: Fundição do coque.

1718: Fahrenheit desenvolve o termômetro de mercúrio.

1746: Introduz-se, na Inglaterra, o método da câmara de chumbo para a produção de ácido sulfúrico.

1766: Cavendish descreve o "ar inflamável" (hidrogênio), como advindo da combustão da água pelo flogisto.

1770: Priestley descreve o oxigênio, mostrando que este gás é consumido por animais e produzido por plantas.

1772: Rutherford descreve o "ar residual": a primeira descrição publicada sobre o nitrogênio.

1775: Lavoisier mostra que o fogo ocorre devido a uma reação exotérmica entre substâncias combustíveis e o oxigênio. Demonstra, também, que o dióxido de carbono, o ácido nítrico e o ácido sulfúrico contêm oxigênio.

1780: Lavoisier e Laplace publicam suas *Memoire on Heat*, em que eles concluem que a respiração é uma forma de combustão.

1781: Destilação da hulha em recipiente fechado.

1783: Spallanzani faz experimentos demonstrando que a digestão é muito mais um processo químico do que uma trituração mecânica de alimentos.

1785: D. Maria I, rainha de Portugal, proíbe a instalação de fábricas, manufaturas e indústrias no Brasil.

1786: Fitch desenvolve o barco a vapor.

1787: Utilização das máquinas a vapor nas fiações de algodão.

1787: Charles estuda a mudança de volume dos gases com a mudança de temperatura.

1789: Le Blanc desenvolve um processo, que leva o seu nome, no qual converte sal comum em soda cáustica.

Primeira metade do séc. XIX: O guano do Peru começa a ser importado e usado como fertilizante pelos Estados Unidos e Europa.

1802: Gay-Lussac anuncia a lei dos gases ideais.

1802: A DuPont é fundada nos Estados Unidos.

1806: Vauquelin e Robiquet são os primeiros a isolarem um aminoácido, aspargina, a partir do aspargo.

1808: Vinda de D. João VI com a Corte portuguesa para o Brasil. Revogada a proibição de Maria I.

1808: D. João VI traz a cerveja para o Brasil. A fabricação em território nacional esbarrou nos contratos de primazia inglesa para o fornecimento de cerveja ao Brasil.

1809: O alemão Thaddeus Haenke, que vivia na Bolívia, escreve sobre o uso do salitre do Chile (na época, território peruano) como adubo.

1810: Gay-Lussac deduz as equações da fermentação alcoólica.

1811: Avogadro demonstra que todos os gases, quando ocupam o mesmo volume sob a mesma pressão e temperatura, contêm o mesmo número de moléculas.

1815: Dá-se no Brasil o início da utilização de máquinas a vapor no processamento de açúcar.

1821: Primeiro gasoduto, com fins comerciais, entra em operação nos Estados Unidos, fornecendo energia aos consumidores para iluminação e preparação de alimentos.

1822: Luiz Louvian e Simão Clothe solicitam a primeira patente no Brasil: uma máquina de descascar café.

1822: D. Pedro I proclama a independência do Brasil.

Fatos e Eventos Históricos

1822: Fourier publica *Théorie analitique de la chaleur*.

1823: Chevreul inicia a fabricação industrial do sabão.

1824: Carnot publica *Reflexions sur la puissance motrice du feu*, estabelecendo diversos princípios que constituem a base da atual Termodinâmica.

1825: Criação de uma escola de formação profissional em Química na Universidade de Giessen, Alemanha, por von Liebig.

1827: Invenção da torre de Gay-Lussac para a recuperação do óxido de nitrogênio.

1828: Wohler sintetiza a ureia: primeiro composto orgânico a partir de compostos inorgânicos.

1828: Brown é o primeiro a descrever o movimento aleatório das partículas (conhecido como movimento browniano).

1829: A substância salicilina foi isolada pela primeira vez por H. Leroux.

1835: Berzelius publica a primeira teoria geral sobre catálise química.

1835: Regnault relata a produção, até então inédita, de cloreto de vinila, monômero do PVC.

1839: Charles Goodyear desenvolve a vulcanização da borracha, processo que consiste na adição de enxofre à borracha natural, tornando-a mais forte e resistente.

1840: Inicia-se na Inglaterra (e, no fim do século XIX, nos Estados Unidos) o emprego do sulfato de amônio como adubo, obtido como subproduto de coqueria.

1842: Mayer enuncia a Lei da Conservação da Energia (1ª Lei da Termodinâmica), após estabelecer a equivalência entre trabalho e calor.

1842: Lawes, na Inglaterra, recebe a patente do processo de fabricação do "superfosfato", por meio da solubilização da rocha fosfatada moída com ácido sulfúrico diluído em água. Dez anos depois, começa nos Estados Unidos a produção desse adubo usando ossos moídos como fonte de fósforo.

1845: Helmoltz e Mayer formulam as Leis da Termodinâmica.

1845: Kolbe sintetiza o ácido acético.

1846: Joule demonstra a equivalência entre as várias formas de energia (calor – elétrica – mecânica).

1849: Começa nos Estados Unidos o emprego de adubos misturados, sendo a prática rapidamente absorvida, ao passo que na Europa isso acontece a partir de 1930.

Anos 1850: A primeira refinaria de petróleo, um "alambique", é desenvolvida por Samuel Kier, nos Estados Unidos.

1851: Nelson Goodyear recebe a patente da ebonite e a comercializa.

1853: Estabelece-se, em Petrópolis, a produção de cerveja em escala industrial no Brasil.

1853: Charles Gerhardt descobre a estrutura química do ácido salicílico. Reagindo este ácido com cloreto de acetila, Gerhardt sintetiza, pela primeira vez, o ácido acetilsalicílico (AAS).

1853: O querosene é extraído do petróleo.

1853: Fabricação do alumínio pelo processo Saint-Claire Deville.

1854: Criação da primeira companhia de petróleo nos Estados Unidos: a *Pennsylvania Rock Oil Company*.

1854: Fundação, no Brasil, da Cervejaria Bohemia.

1855: Silliman obtém o alcatrão, naftaleno, gasolina e vários solventes por destilação do petróleo.

1856: Perkin obtém o primeiro corante sintético e o comercializa em larga escala.

1858: Outorgadas por D. Pedro II as primeiras concessões para a exploração de petróleo no Brasil, na Bahia.

1859: Invenção da torre de Glover, propiciando um método de desnitrificação, sem diluição, do ácido nitroso da torre de Gay-Lussac.

Década de 1860: Fundação, na Alemanha, da Hoescht, Bayer, Basf e Agfa, importantes Indústrias Químicas no cenário mundial.

1860: Kolbe consegue sintetizar o ácido salicílico, partindo do fenol (síntese de Kolbe).

1860: A Alemanha explora os seus depósitos de sais potássicos para adubação, exportando-os para outros países.

1860: Durante o 1º Congresso Internacional de Química, em Karlsruhe, Canizzaro apresenta novo método para determinar a massa atômica de substâncias químicas. Adota-se a massa atômica do oxigênio como 16, sendo base para determinar a de outros elementos.

1863: Solvay aperfeiçoa o seu método para produzir bicarbonato de sódio.

1863: Os irmãos Hyatt descobrem o celuloide.

1864: Seyler obtém, pela primeira vez, a cristalização de uma proteína: a hemoglobina.

1865: Kekulé propõe o modelo do anel para a fórmula estrutural do benzeno.

Fatos e Eventos Históricos

1865-1870: O Brasil envolve-se na Guerra do Paraguai.

1866: A dinamite é desenvolvida por Nobel.

1868: Os norte-americanos iniciam a exploração de seus depósitos de fosfatos naturais. O mesmo ocorre no norte da África, em 1899.

1869: Mendelejeff publica a tabela para elementos químicos, a qual veio a ser a base para a tabela periódica.

1870: Liebeg propõe que todos os fermentos são muito mais reações químicas do que impulsos vitais.

1870: Primeiro processo industrial catalítico, com a produção de cloro por oxidação do gás clorídrico, usando como catalisador uma argila impregnada com sulfato de cobre.

1871: Miescher isola uma substância a que ele denominou "nucleína" a partir das células brancas do sangue. Tais substâncias são hoje conhecidas como ácidos nucleicos.

1872: O que hoje é conhecido como superfosfato triplo é fabricado na Alemanha e Inglaterra.

1874: Zeider descobre a fórmula química do DDT.

1876: Otto desenvolve o motor mecânico.

1877: Kühne propõe o termo "enzima", diferenciando-a dos organismos que a produzem.

1877: O ácido salicílico sintético é campeão de vendas em Londres.

1878: Gibbs desenvolve a teoria da Termodinâmica Química, introduzindo as equações e as relações fundamentais para o cálculo do equilíbrio multifásico, a regra das fases e o conceito de energia livre. Seu trabalho permanece desconhecido até 1883, quando Ostwald o descobre, traduzindo-o para o alemão.

1878: Instalação do engenho de açúcar Companhia Açucareira Porto Feliz, marco na maquinização dos processos de transformação no Brasil.

1879: Fahlberg descobre a sacarina.

1880: Davis propõe, na Inglaterra, a *Society of Chemical Engineers*.

1880: O Brasil adota os padrões métricos franceses.

1883: Reynolds publica um artigo e propõe um número adimensional que relaciona as forças inerciais e viscosas associadas a um fluido sujeito a escoamento. Esse número é conhecido como o número de Reynolds.

1883: Fundação da Companhia Melhoramentos de São Paulo, vinda para atuar nos setores de papel, cal e cerâmica.

1884: Arrhenius e Ostwald, independentemente, definem "ácido" como substâncias que perdem íons de hidrogênio quando dissolvidas em água.

1884: Chardonnet descobre a viscose (seda artificial).

1885: Karl Benz desenvolve a gasolina para automóveis. Antes, a gasolina era uma fração indesejável do petróleo, responsável por vários incêndios domésticos por ser usada em vez do querosene.

1886: Primeiro empreendimento oficialmente registrado da indústria brasileira de tintas e vernizes.

1887: Fischer concebe a estrutura das proteínas.

1887: Davis elabora um programa para a profissão de Engenharia Química e apresenta uma série de palestras na Manchester Technical School.

1888: Fundação, no Rio de Janeiro, da Manufatura de Cerveja Brahma, Williger e Cia.

1888: O *Massachusetts Institute of Technology* (MIT) começa o Course X (dez), o primeiro programa de Engenharia Química, de quatro anos, nos Estados Unidos.

1888: Abolição da escravatura no Brasil.

1889: Proclamação da República no Brasil.

1890: Criação de um gasoduto à prova de vazamentos na Europa.

1891: Fundação da Fábrica de Cerveja Companhia Antarctica Paulista (em São Paulo).

1892: Diesel desenvolve o motor de combustão interna.

1893: Fundação da Escola Politécnica de São Paulo.

1893: Sorel publica a *La rectification de l'alcool* em que ele desenvolve e aplica uma teoria matemática para colunas de retificação para misturas binárias.

1894: Fischer conduz investigações para dar as bases à especificidade das enzimas.

1895: Instalação da Fábrica de Productos Chimicos, primeira Indústria Química destinada à produção em larga escala no Brasil.

1895: Linde desenvolve o processo de liquefação do ar.

1896: Criação da *Revista Pharmaceutica*, veículo importante para a disseminação de artigos ligados à Indústria Química brasileira.

1897: A Bayer alemã produz o índigo sintético em larga escala.

1897: Felix Hoffmann sintetiza o AAS, simplificando o método de Gerhardt.

Fatos e Eventos Históricos

1897-1905: Com o processo de Frank e Caro, realiza-se a fixação do nitrogênio presente no ar pelo processo de calciocianamida, em que, com o auxílio de altas temperaturas, o carboneto de cálcio é forçado a receber o nitrogênio. A primeira fábrica é construída na Itália em 1906.

1898: A Bayer alemã desenvolve o processo catalítico para a produção de ácido sulfúrico.

1899: A Bayer alemã consegue a patente do AAS.

1899: Fundação do Instituto de Pesquisas Tecnológicas do Estado de São Paulo (IPT).

Final do séc. XIX: Primeira perfuração de um poço de petróleo no Brasil, em Bofete, São Paulo.

1900: Diesel apresenta sua invenção usando óleo de amendoim como combustível – em seguida capitalizado pela indústria do petróleo para funcionamento com óleo derivado de petróleo.

1900: Herreshoff desenvolve o primeiro processo de produção, por colunas de contato, de ácido sulfúrico.

1901: Davis publica o *Handbook of Chemical Engineering*.

1903: Birkeland e Eyde fixam, com baixo rendimento, o nitrogênio presente no ar pelo processo do arco voltaico, obtendo o ácido nítrico como produto final, permitindo a fabricação do primeiro nitrato sintético, o nitrato de cálcio, por meio da neutralização do ácido com cal.

1905: Einstein formula a Teoria Especial da Relatividade, estabelece a Lei de Equivalência entre massa e energia, cria a Teoria do Movimento Browniano e formula a Teoria do Fóton da Luz.

1905: Fundação do Moinho Santista, que, futuramente, ampliaria a sua atuação na área industrial química com a instalação, em 1934, da Sanbra.

1908: É fundado o *American Institute of Chemical Engineers* (AIChE).

1908: Brandenberger descobre o celofane.

1908: Baekeland descobre o baquelite: primeira resina termofixa, sendo patenteada em 1909. Em 1910, começa a produção em larga escala desse plástico, sendo largamente utilizado, na época, como isolante elétrico, em plugues e soquetes, entre outros.

Década de 1910: Instalação de multinacionais de Indústrias Químicas no Brasil: Bayer, Solvay, White-Martins, Rhodia.

1911: Rutherford propõe sua teoria sobre o núcleo atômico.

1913: Amônia sintética começa a ser produzida em escala comercial pelo processo de Harber-Bosch, na Alemanha.

1913: A *Standard Oil Co.* (Indiana, EUA) utiliza o processo de craqueamento térmico do petróleo.

1913: Bohr propõe o seu modelo atômico (modelo do sistema solar).

1914: Os alemães começam a produzir o sulfonitrato de amônio (nitrato de amônio + sulfato de amônio): o "salitre de Leuna".

1914: Diversas reações catalíticas são descobertas a partir da obtenção do ácido sulfúrico por oxidação do gás sulfuroso sobre catalisador de platina.

1914-1918: Primeira Guerra Mundial.

1914-1918: Inicia-se a exploração das minas norte-americanas de sais potássicos.

1915: A sistematização da abordagem das Operações Unitárias é proposta por Arthur D. Little.

1917: A *Chemical Construction Co.* constrói uma planta totalmente destinada para a produção de ácido nítrico a partir da amônia.

1917: Mediante a adição de carbonato de sódio e de sílica à rocha fosfatada, obtém-se, por fusão, o termofosfato de Rhenania.

1919: As atividades de perfuração visando à exploração de petróleo e de gás natural no Brasil tornam-se mais frequentes e pouco mais organizadas, porém ainda com escassos recursos e equipamentos simples.

Anos 1920: O acetato de celulose, acrílicos e poliestireno são, finalmente, produzidos em larga escala.

Década de 1920: Instalação de várias Indústrias Químicas no Brasil, tais como: Kodak Brasileira, Esso Química, Hélios, ICI do Brasil, Merck.

1920: O *Massachusetts Institute of Technology* cria um departamento independente de Engenharia Química nos Estados Unidos.

1920: Começa a produção de fosfato de amônio na Alemanha e Estados Unidos.

1920: Ponchon e Savarit desenvolvem e apresentam o diagrama de entalpia-concentração, extremamente útil para resolver cálculos de destilação.

1920: A *Standard Oil Co.* (Nova Jersey) produz álcool isopropílico: o primeiro produto petroquímico comercial.

1922: Criação, no Mackenzie, do primeiro curso de graduação em Engenharia Química no Brasil.

1922: Midgley usa chumbo tetraetílico como aditivo antichoque na gasolina.

1923: O sulfato de amônio sintético é produzido na Alemanha.

1923: Broglie demonstra que a radiação tem propriedades corpusculares, e as partículas de matéria, tais como os elétrons, apresentam características de onda.

Fatos e Eventos Históricos

1925: McCabe e Thiele apresentam um método gráfico para calcular o número de pratos teóricos de uma coluna fracionada de destilação para misturas binárias.

1925: Criação, na USP, do segundo curso de graduação em Engenharia Química no Brasil.

1928: Wallace Carothers entra para a equipe de pesquisa da DuPont e, entre várias descobertas, chega aos poliésteres.

1929: Fleming observa o efeito da penicilina em bactérias.

Anos 1930: Hougen e Watson defendem a importância da Termodinâmica no ensino de Engenharia Química.

Década de 1930: Instalação de várias Indústrias Químicas no Brasil, tais como: Cia. Nitro Química Brasileira, DuPont do Brasil,Goodyear do Brasil e Firestone do Brasil.

1930: O superfosfato triplo e amoniacal é fabricados nos Estados Unidos.

1931: Produção em escala comercial de fibras artificiais pela Companhia Brasileira Rhodiaceta (Rhodia) com o filamento têxtil de acetato.

1931: O neopreno, a borracha sintética, é produzido pela DuPont.

1933: O polietileno de baixa densidade é obtido na *Imperial Chemical Industries* (ICI), na Inglaterra.

1933: Criação do Instituto do Açúcar e Álcool (IAA), permanecendo em atividade até março de 1990, quando o governo do então presidente Collor o extingue.

1934: É publicada a primeira edição do "Perry": *Chemical Engineers Handbook*.

1935: Carothers, da DuPont, descobre o nylon.

1937: O poliestireno começa a ser comercializado nos Estados Unidos pela Dow Chemical.

1938-1945: Segunda Guerra Mundial.

1938: Plunket obtém o teflon na DuPont.

1938: E iniciada a produção de ureia, o mais concentrado adubo nitrogenado sólido.

1939: Na localidade de Lobato, na Bahia, os esforços dos pioneiros são recompensados: surge petróleo pela primeira vez no território brasileiro. Começa a nascer a indústria nacional do petróleo.

1939: Descoberta da fissão nuclear.

1939: O nylon é usado para a fabricação de meias femininas.

Anos 1940: São desenvolvidos o polietileno (de baixa densidade), silicones e o epóxi.

Década de 1940:	Ganha ímpeto o preparo de fertilizantes mistos mais concentrados (acima de 30% de nutrientes).
1940:	Descoberta de gás natural na Bahia.
1940:	Fundação da Associação Brasileira de Normas Técnicas (ABNT).
1940:	A *Standard Oil Co.* (Indiana) desenvolve a gasolina de alta octanagem.
1940:	Os primeiros pneus de borracha sintética são produzidos nos Estados Unidos.
1941:	Whinfield e Dickson produzem e patenteiam uma fibra de poliéster: o terileno, o futuro PET.
1943:	É produzido o DDT, um poderoso pesticida.
1943:	O nitrato de amônio, antes destinado apenas para explosivos, começa a ser produzido como fertilizante, muitas vezes misturado com calcário.
1944:	Waksman descobre a estreptomicina, primeira droga efetiva contra a tuberculose.
1945:	Os Estados Unidos detonam bombas atômicas em Hiroshima e Nagasaki, no Japão.
1947:	Produção de hidrocarbonetos a partir de gás sintético pelo processo de Fischer-Tropish.
1947:	Solução do problema da difusão de nêutrons usando o método de Monte Carlo pelo computador ENIAC.
1947:	É perfurado o primeiro poço de petróleo em alto-mar.
Década de 1950:	São produzidos os polisfosfatos a partir do chamado ácido superfosfórico.
1950:	O benzeno é produzido a partir do petróleo.
1951:	A primeira bomba por fusão é testada.
1951:	É criado, no Brasil, o Conselho Nacional de Pesquisa, que futuramente viria a ser o CNPq.
1953:	Ziegler obtém o polietileno de alta densidade.
1953:	Criação da Petrobras. Começa um trabalho intenso para desenvolver nossa indústria petrolífera.
1953:	Estabelecimento da estrutura helicoidal dupla do DNA por Francis Crick e James Watson.
1954:	É desenvolvida a borracha de poli-isopreno.
1954:	Fundação da Tintas Coral no Brasil. Em 1996, passou a integrar o grupo britânico ICI.
1955:	Fibras sintéticas são produzidas no Brasil pela Rhodia.

Fatos e Eventos Históricos

1957: A General Electric desenvolve os plásticos de policarbonatos.

1959: O controle de processos por computador ganha credibilidade.

1961: Fundação, no Brasil, da Suvinil Indústria e Comércio de Tintas.

1961: Elucidação da natureza do código genético por Crick, Barnett, Brenner e Watts-Tobin.

1963: Criação, na COPPE/UFRJ, do primeiro curso de pós-graduação (mestrado) em Engenharia Química no Brasil.

1964: Criação do Grupo Executivo da Indústria Química (Geiquim), primeiro instrumento de coordenação voltado para a Indústria Química brasileira.

1966: A profissão de engenheiro químico no Brasil é regulada pela Lei Federal 5.194, de 24/12/1966, a qual foi regulamentada pelo Decreto Federal 620, de 10/06/1969.

1968: Início da exploração do petróleo *offshore* no Brasil (Bacia de Sergipe).

1969: O primeiro ser humano pisa na Lua.

Década de 1970: Choques do petróleo de 1973 e 1979 – retomada das ideias, no Brasil, da produção de combustíveis a partir de óleos vegetais.

1972: Instalação da Replan, a maior refinaria nacional de petróleo, em Paulínia, São Paulo.

1973: Primeiro Encontro Nacional sobre Escoamento em Meios Porosos.

1974: Descoberta de petróleo na Bacia de Campos.

1975: Criação, no Brasil, do Programa Nacional do Álcool. Programa fundamental para a substituição da gasolina por álcool com tecnologia nacional.

1975: Criação da Associação Brasileira de Engenharia Química (ABEQ).

1977: São fabricadas as primeiras garrafas de refrigerante em polietileno tereftalato (PET), nos Estados Unidos.

1979-1980: Realização de exaustivos testes de aplicabilidade de biodiesel em importantes centros de pesquisa do Brasil.

1980: A Suprema Corte norte-americana permite a aprovação à General Electric para patentear um micróbio usado na limpeza de óleos.

1980: Grande marco do gás natural, no Brasil, com a exploração da Bacia de Campos (RJ).

1980: Patente PI – 8007957: primeira patente de biodiesel e querosene vegetal no mundo.

1980: Lançamento nacional do Prodiesel. Criação da unidade piloto industrial PROERG em Fortaleza.

1981:	Primeiro Encontro Brasileiro sobre Ensino em Engenharia Química.
1981:	A Microsoft desenvolve o MS-DOS para PC da IBM.
1981:	Um software de simulação de processos químicos é desenvolvido para PC. Pacotes como DESIGN II, ASPEN, SIMSCI (PROII), HYSIM, & CHEMCAD começam a aparecer nas mesas de engenheiros.
1982:	Desenvolvimento, no Brasil, do Prosene – querosene vegetal para aviões a jato.
1983:	Desenvolvimento, no Brasil, do projeto OVEG; início dos estudos na UFPR para o desenvolvimento de tecnologia de produção de ésteres a partir do óleo de soja.
1984:	Exploração do potencial completo de gás natural na Bacia de Campos.
1984:	Descrição da produção de biodiesel metílico de óleo de soja e ensaio bem-sucedido em motor diesel no Brasil. Desmantelamento da PROERGE e abandono do Prodiesel.
1985-1990:	Elevação da participação do gás natural na matriz energética mundial.
1987:	A companhia japonesa Nipon Zeon desenvolve um plástico com memória. A baixas temperaturas ele pode ser moldado, modificado, mas quando aquecido para cerca de 37°C ele retoma a sua forma inicial.
1988:	Um microscópio de tunelamento eletrônico produz a primeira imagem de um anel benzênico.
1989:	É lançado o Projeto do Genoma Humano, o mapa genético humano.
Década de 1990:	Início da produção em escala industrial na Europa de biocombustível com a denominação de biodiesel.
Anos 1990:	Construção de diversos gasodutos no Brasil, destacando-se o gasoduto Brasil-Bolívia e avanços no fornecimento de gás natural no Brasil.
1990:	Tim Bernes-Lee cria a linguagem *World Wide Web* (www) no Laboratório Europeu de Física de Partículas.
1992:	O governo australiano começa a introduzir o dinheiro de plástico.
1995:	Primeiro Congresso Brasileiro de Catálise.
1996:	Primeiro Encontro Brasileiro de Adsorção.
1997:	Criação da Sociedade Brasileira de Catálise.
1999:	Pesquisadores do Laboratório Nacional de Luz Síncontron, em Campinas, observam o rompimento de nanofios de ouro. Com essa pesquisa, o Brasil é lançado aos domínios da nanotecnologia.

Fatos e Eventos Históricos

2000: É lançado o dinheiro plástico no Brasil.

2000: Criação da AmBev por meio da junção da Brahma e da Antarctica.

2000: O Brasil ocupa a nona posição no mundo em produção industrial de produtos químicos.

BIBLIOGRAFIA CONSULTADA

BARROSO, M. A. S. Análise dos principais resultados do XXIV Congresso Brasileiro de Sistemas Particulados. In: CONGRESSO BRASILEIRO DE SISTEMAS PARTICULADOS, 24. **Anais...** Uberlândia, 1996.

BEVENUTO, M. R. Las orígenes de la Ingeniería Química en Argentina, 1920. **Saber y Tiempo,** Buenos Aires, v. 7, p. 39-59, 1999.

BUENO, E. **Brasil**: uma história. São Paulo: Ática, 2003.

CHASSOT, A. **A ciência através dos tempos**. São Paulo: Moderna, 1994.

IGLÉSIAS, F. **A Revolução Industrial**. 11. ed. São Paulo: Brasiliense, 1996.

MOTOYAMA, S. et al. As tecnologias e o desenvolvimento industrial brasileiro. In: MOTOYAMA, S. (Org.). **Tecnologia e industrialização no Brasil**. São Paulo: Editora da Unesp, 1994.

PAFKO, W. **A Chemical Engineering timeline**. [S.l.: s.n.], 1998. Disponível em: <www.members.tripod.com/historycheme/h_time.html>. Acesso em: 13 abr. 2001.

PASSOS, M. L. Análise das condições atuais dos cursos de Engenharia Química no país. In: ENCONTRO BRASILEIRO SOBRE O ENSINO DE ENGENHARIA QUÍMICA, 4. **Anais...** Belo Horizonte, 1993.

PORTO, L. M. A evolução da Engenharia Química: perspectivas e novos desafios. In: CONEEQ, 10., 2000, Florianópolis. **Anais...** Campinas: CAEQ, 2000. Disponível em: <www.hottopos.com./regeq10/luismar.htm>. Acesso em: 03 ago. 2004.

ROBERT, R. M. **Descobertas acidentais em ciências**. 2. ed. Trad. André O. Mattos. Campinas: Papirus, 1995.

ROSMORDUC, J. **Uma história da Física e da Química**. Rio de Janeiro: Jorge Zahar, 1985.

SUZIGAN, W. **Indústria brasileira**: origem e desenvolvimento. Campinas: Hucitec: Editora da Unicamp, 2000.

THOBER, C. W. A.; GERMANY, C. J. Engenharia Química: uma perspectiva da profissão no Brasil. In: CONGRESSO BRASILEIRO DE ENGENHARIA QUÍMICA, 9. **Anais...** Salvador, 1992.

VANIN, J. A. Industrialização na área química. In: MOTOYAMA, S. (Org.). **Tecnologia e industrialização no Brasil**. São Paulo: Editora da Unesp, 1994.

WONGTSCHOWSKI, P. **Indústria Química**. 2. ed. São Paulo: Blucher, 2002.

WEBSITES

ABEQ – Associação Brasileira de Engenharia Química. Disponível em: <www.abeq.org.br>. Acesso em: 18 jul. 2001.

ABIQUIM – Associação Brasileira da Indústria Química. Disponível em: <www.abiquim.org.br>. Acesso em: 28 maio 2002.

ALCOPAR – Associação de Produtores de Bioenergia do Estado do Paraná. Disponível em: <www.alcopar.org.br>. Acesso em: 5 abr. 2004.

BASF BRASIL. Disponível em: <www.basf.com.br>. Acesso em: 9 jan. 2003.

CERVESIA. Disponível em: <www.cervesia.com.br>. Acesso em: 8 set. 2002.

COPEBRAS. Disponível em: <www.copebras.com.br>. Acesso em: 3 mar. 2004.

GASENERGIA. Disponível em: <www.gasenergia.com.br>. Acesso em: 12 dez. 2003.

MAZBRA. Disponível em: <www.mazbra.com.br/historia.htm>. Acesso em: 21 jul. 2001.

MONSANTO. Disponível em: <www.monsanto.com.br>. Acesso em: 22 mar. 2004.

PAIKO. Disponível em: <www.paiko.com/history>. Acesso em: 9 abr. 2001

PETROBRAS. Disponível em: <www.petrobras.com.br>. Acesso em: 1 fev. 2004.

SBCAT – SOCIEDADE BRASILEIRA DE CATÁLISE. Disponível em: <www.sbcat.org>. Acesso em: 10 ago. 2004.

TECBIO. Disponível em: <www.tecbio.com.br>. Acesso em: 19 maio 2004.

TINTAS. Disponível em: <www.tintas.com.br>. Acesso em: 31 jan. 2001.

TINTAS CORAL. Disponível em: <www.coral.com.br>. Acesso em: 15 maio 2001.

UNICA – UNIÃO DA INDÚSTRIA DE CANA-DE-AÇÚCAR. Disponível em: <www.unica.com.br>. Acesso em: 16 jun. 2004.

UNILEVER. Disponível em: <www.unilever.com.br>. Acesso em: 28 abr. 2001.

USINA ESTER. Disponível em: <www.usinaester.com.br>. Acesso em: 14 mar. 2004.

ÍNDICE REMISSIVO

A
Absorção, 44, 99
Açúcar, 26, 27, 43, 77, 78, 79, 105
Adesivo, 43, 54, 66, 98
Adsorção, 21, 36, 42, 44, 99
Adubo, 43, 44, 54, 66, 79, 85, 170
Álcool, 27, 55, 69, 83
Alimento, 30, 43, 102, 156
Antibiótico, 26, 42, 43, 98, 163
Aquecimento, 43
Aroma, 44
Atribuição profissional, 23, 25
Atuação Responsável, (v. *Responsible Care Program*®)

B
Balança comercial, 10, 84, 90, 91, 115, 117
Bebida, 16, 43
Bens, 61
    de capital, (v. Bens de produção)
    de consumo, 52, 165
    de produção, 51
    de serviço, (v. Bens de consumo)
Bioquímica, 23, 38, 39, 179
Borracha, 16, 26, 27, 67, 80, 163
    natural, 70
    sintética, 27, 30, 67, 168

C
Câmara de Educação Superior 14, 38
Cana-de-açúcar, 26, 77, 78
Carvão, 24, 55, 59, 68, 79, 81, 158, 163
Catalisador, 27, 54, 55, 70
Centrifugação, 43
Cerâmica, 32, 62, 103
Cerveja, 26
Ciclone, 43
Ciência, 14, 17, 23, 42, 60, 120, 122, 127

básica, 37, 39, 45, 48, 102
biológica, 36, 40, 180
da Engenharia Química
      (v. Engenharia Química)
humanas, 35, 36, 40, 180
Cimento, 26, 80
Cinética química, 37, 181
Commodities, 55, 91
Computador, (v. Informática)
Condensação, 43
Conteúdos, 38
Controle, 16, 21, 32, 38, 100, 142, 184
Conversão química, (v. Reação química)
Corante, 16, 55, 65, 66, 67, 80, 83
Cosmético (v. Perfume)
Cristalização, 21, 44

D
Desenvolvimento Sustentável, 10, 61, 75, 76, 133, 137, 138, 140, 145, 148, 149
Destilação, 21, 43, 45, 52, 66, 68, 95, 98, 99

E
Elutriação, 43
Engenharia, 13, 19, 21, 38, 57, 96
    ambiental, 24, 27
    características da, 14, 15
    civil, 16
    competências da, 14
    de alimentos, 15, 24
    de materiais, 15, 24
    de minas, 15, 24
    de petróleo, 15, 24
    de processos, 27
    de produção, 15, 25
    de produto, 28
    de segurança, 28
    elétrica, 16

essência da, 13
industrial, 12, 106
mecânica, 16, 96
metalúrgica, 15, 23
têxtil, 15, 25
Engenharia Química, 15, 16, 21, 22, 28, 35, 36, 38, 96, 97, 98, 101, 102, 105, 106, 109, 110, 111, 120, 126, 128
   áreas de atuação da, (v. Área de atuação do engenheiro químico)
   campo de atuação da, (v. Área de atuação do engenheiro químico)
   ciências da, 36, 37, 40, 41, 42, 45, 99, 103, 108, 183
   conhecimentos essenciais à, 37
   conquistas da, 23, 30
   contribuição da, 30
   criação de cursos de Engenharia Química, 108, 109
   doutorado em (v. Pós-graduação em Engenharia Química)
   essência da, 13
   ética na (v. Ética na Engenharia Química)
   fundamentos da, 40, 42, 48, 49, 99, 122
   futuras áreas da, 31
   graduação em, 38, 39, 96, 107, 108, 109, 110
   história da, 95, 105
   impacto da, 22
   mestrado em (v. Pós-graduação em Engenharia Química)
   o que é, 13
   pós-graduação em, 96, 109, 110, 114
   responsável, 119
   tecnologias da, 37, 40, 41, 42, 45, 183
   tendências da, 29
Engenheiro, 13, 14, 15
   ambiental, 24
   civil, 16
   características do, 13
   competências do, 14
   de alimentos, 24
   de materiais, 24
   de minas, 24
   de petróleo, 24
   de produção, 25
   elétrico, 16, 96
   habilidades do, 15
   industrial, 24
   mecânico, 16, 96, 97
   metalúrgico, 24
   perfil do, 14, 18
   têxtil, 25
Engenheiro Químico, 16, 24, 27, 28, 32, 35, 36, 47, 48, 98, 103, 110, 119, 122, 127

área de atuação do, 27, 28
   atividades do, 23, 27, 32, 47, 101, 103
   campo de atuação do, 27, 31, 102
   características do, 24, 126
   evolução do campo de atuação do, 102
   formação do, 23, 37, 38, 39, 40, 45, 47, 49, 93, 99, 100, 105, 109
   habilidades do, 15, 38
   objeto do, 23
   o que é, 23
   reconhecimento da profissão de, 108
   responsabilidades do, 119
Especialidade (produtos químicos), 55, 72, 93
Ética, 15, 18, 121, 122, 123, 142, 146, 180
   empresarial, 121, 122, 130
   na Engenharia Química, 123
Evaporação, 43, 98
Extração líquido-líquido, 44, 99

F
Fármaco, 27, 35, 36, 43, 44, 55, 98
Fenômenos de transporte, 37, 40, 41, 42, 99
Ferro, 57, 59, 81
Fertilizante, 26, 27, 28, 30, 43, 44, 53, 54, 66, 83, 98, 103
Fibra, 25, 30, 43, 55, 85, 98
Filtração, 21, 43, 97, 98,
Física, 35, 38, 39, 96, 181
Físico-química, 24, 38, 39, 97, 99, 181
Floculação, 43
Fluxograma, 46

G
Gás natural, 26, 28, 32
Gasolina, 26, 30, 67, 69, 163
Gestão, 14, 37, 42, 47
   ambiental, 38, 47, 185
   de pessoas, 14, 185
   de projeto, 28
   financeira, 2, 185
   industrial, 185
   organizacional, 36, 46, 47, 49, 185
   tecnológica, 28, 36, 37, 45, 184

H
Habilidade, 15, 16, 17, 18, 19, 21, 48
   conceitual, 17, 122
   humana, 15, 17, 48, 123, 127
   técnica, 15, 17, 123

I
Indústria, 51, 57, 58, 59
   1ª geração, 52
   2ª geração, 52
   3ª geração, 52

Índice Remissivo

de base, 52
de consumo, 52
de ponta, 52
de transformação, 77, 80, 92, 106, 158
do petróleo, 27, 28, 75, 114
fases da, 59
História da, 57
leve, (v. Indústria de consumo)
pesada (v. Indústria de base)
petroquímica, 27, 28, 32, 52, 71, 102
têxtil, 58, 59, 69
Indústria Química, 23, 27, 33, 45, 51, 53, 55,
80, 81, 82, 84, 94, 95, 96, 102, 108,
117, 122, 141, 142
classificação da, 53
criação da (v. Nascimento da Indústria
Química)
faturamento líquido da, 86
gênese da (v. Nascimento da Indústria
Química)
história da, 65, 71, 77, 83
moderna, 66, 67, 95, 122
nascimento da, 67, 68, 95, 102, 107
segmentos da, 54
Informática, 14, 38, 39, 99, 103, 182
Inseticida, 16, 26, 43, 53, 98
ISO, 142
9000, 126, 142
14000, 126, 142, 161

M
Matemática, 36, 39, 182
Matéria-prima, 23, 27, 31, 32, 45, 51, 57, 58,
60, 67, 77, 78, 136
Mecânica dos fluidos (v. Transferência de
Quantidade de Movimento)
Medicamento (v. Fármaco)
Meio Ambiente, 16, 24, 47, 133, 142, 143
Mercado de trabalho, 16

N
Nafta, 26, 45, 52, 53, 68
Nanotecnologia, 14, 29, 32, 200

O
Operações, 23
de Transferência de Massa, 44, 99, 183
energéticas, 42, 43, 183
unitárias, 30, 37, 41, 42, 43, 48, 97, 98,
99, 103, 107

P
Papel, 43, 54, 55, 98, 78, 98

Perfume, 27, 66, 67, 98
PET, 41, 52
Petróleo, 16, 24, 26, 27, 28, 43, 44, 45, 55,
65, 66, 68, 81, 83, 95, 99, 103
Petroquímica (v. Indústria petroquímica)
Plástico, 26, 27, 54, 62, 69, 83, 86, 99
Polietileno, 70, 82
Polímero (v. Plástico)
Poluição, 24, 27, 47, 133
Processo, 13, 21, 22, 23, 25, 43, 45, 48, 51,
52, 57, 60, 78, 97, 98, 102
bioquímico (v. Processo biotecnológico)
biotecnológico, 48, 180, 184
controle de, 21
químico, 21, 31, 38, 43, 99, 107
químico inorgânico, 184
químico orgânico, 184
unitário, 99, 103, 107
Produção de vapor, 43
Produto, 13, 22, 23, 27, 28, 42, 45, 51, 52,
53, 55, 57, 61, 77, 125
Produto químico, 53, 67, 75, 134
classificação de, 53
Fabricação de, 54, 83
Pseudocommodities, 54, 55

Q
Querosene, 26, 68, 95
Química, 27, 37, 38, 39, 65, 66, 96, 97, 107, 181
fina, 27, 52, 55, 102
industrial, 106, 107, 108, 111
verde, 92, 143, 144, 148
Químico, 23, 95, 96, 97, 102, 141
Químico industrial, 24, 102

R
Rayon, 69, 80
Reação química, 41, 183
Reator,
bioquímico, 38, 183
químico, 37, 38, 41, 48, 183
Refrigeração, 32, 43
Resfriamento, 43
Resina, 16, 41, 42, 54, 65, 78, 98, 138
Responsabilidade, 15, 38, 119, 120, 121, 123,
124, 127
ambiental, 135, 136
econômica, 125
ética, 123, 125, 126, 127, 128
filantrópica, 126
individual, 120, 127
legal, 120, 125, 127
social, 120, 124, 127, 128

social empresarial, 123, 124

técnica, 120, 127

Responsible Care Program ® , 142

Revolução Industrial, 17, 58, 59, 60, 61, 66, 77, 92, 95, 122

fenômenos característicos da, 59

Primeira Fase, 59

Segunda Fase, 59

S

Sabão, 66, 78, 98

Sabonete (v. Sabão)

Secagem, 21, 41, 43, 98

Sedimentação, 43, 97

Segurança do trabalho, 38, 185

Separação, 43, 44

mecânica, 43, 183

por membranas, 44, 183

Setor químico (v. Indústria Química)

Sistemas, 14, 16, 27, 31, 32, 38, 111, 123

fluidodinâmicos, 42, 43, 181

particulados, 42, 43, 181

Stakeholders, 22, 23, 27, 32, 45, 119, 122, 125, 136, 139

Sustentabilidade, 92, 133, 138, 139, 140, 143, 144, 145, 148, 149, 150

T

Tecnologia, 14, 17, 29, 57, 60, 61, 66, 71, 83, 92, 95, 100, 110, 111, 117, 119, 127

Teflon, 70, 71, 197

Termodinâmica, 32, 36, 38, 40, 41, 99, 179, 181

Tinta, 16, 26, 43, 44, 54, 65, 79, 80, 85, 98

Transferência,

de Calor, 41, 42, 43, 183

de Energia (v. Transferência de Calor)

de Massa, 36, 41, 42, 44, 48, 99, 183

de Matéria (v. Transferência de Massa)

de Quantidade de Movimento, 41, 99

Transformação, 18, 23, 24, 26, 42, 45, 47, 52, 53, 54, 58, 77, 98

Trocador de calor, 43

V

Valores, 120, 123, 124, 126, 127, 145, 146, 148, 149

instrumental, 146, 147, 148, 150

moral, 120, 126, 127, 145, 146, 150

terminal, 146, 147, 148, 150

Verniz (v. Tinta)

GRÁFICA PAYM
Tel. [11] 4392-3344
paym@graficapaym.com.br